孤独を楽しむ人、ダメになる人

一个人的勇气

[日]有川真由美——著
杨本明——译

人民邮电出版社
北京

图书在版编目（CIP）数据

一个人的勇气 /（日）有川真由美著 ； 杨本明译 .
北京 ： 人民邮电出版社， 2025. -- ISBN 978-7-115
-65209-6

Ⅰ . B821-49

中国国家版本馆 CIP 数据核字第 20245FX906 号

内 容 提 要

如今，越来越多的人在一个人生活，伴随而来的也是越来越重的孤独感。提到独处，人们好像都避之不及。然而，独处不是寂寞，更不是不幸，而是让我们自由生长的机会。

本书由 100 篇讨论独处的短文组成，探讨了由独处引发的各种孤独，如亲密关系里的孤独、家庭里的孤独、职场里的孤独，等等。这些感悟像是良药，治愈着我们的“心灵感冒”，作者用自身经历向读者娓娓道来“何谓幸福的孤独”，以及“如何让自己更幸福”。

愿你合上书后，拥有独自前行的勇气，也拥有与人为伴的能力。

◆ 著 [日] 有川真由美
译 杨本明
责任编辑 谢 明 郭超敏
责任印制 彭志环
◆人民邮电出版社出版发行 北京市丰台区成寿寺路 11 号
邮编 100164 电子邮件 315@ptpress.com.cn
网址 https://www.ptpress.com.cn
北京捷迅佳彩印刷有限公司印刷
◆开本：880×1230 1/32
印张：8 2025 年 1 月第 1 版
字数：180 千字 2025 年 9 月北京第 3 次印刷
著作权合同登记号 图字：01-2024-1506 号

定 价：59.80 元

读者服务热线：（010） 81055656 印装质量热线：（010） 81055316
反盗版热线：（010） 81055315

人生是一场边走边散的旅程，一路上走走停停，无法停歇。旅程中有的人上车，有的人下车，我们不知道下一站会遇见谁，也不知道会和谁走散在哪一站。生命的旅途中，我遇见你，你邂逅我，陪你一程的人很多，但伴你全程的人很少。有时甚至来不及说一声“再会”，我们就匆匆而别，从此咫尺天涯。在这场边走边散的旅程中，我们每一个人都需要“一个人的勇气”，因为下一站又会有新的朋友与你相伴。

海明威有一本小说叫《老人与海》，小说的主人公是一位渔民，他独自一人出海打鱼，打了八十四天都一无所获。八十多天以来，在无边无际的茫茫大海中，他独自与飞鱼聊天，与群鸟絮语，与星辰大海为伴，展现了一个人的勇气。在当今这个时代，一个人的勇气更是一种弥足珍贵的品质。正所谓：“幽植众宁知，芬芳只暗持。自无君子佩，未是国香衰。”一个人的勇气是不随波逐流、敢做自己的勇气；一个人的勇气是迎难而上、不怕被打败的勇气；一个人的勇气是不为世俗困扰，不被他人目光束缚的勇气；一个人的勇气是把自己活成一束光，照亮周围的勇气。谨以此书献给为梦想日夜奋斗的你！

本翻译课题由杨本明教授负责，丁品玥在指导老师的带领下完成了初译稿。指导教师对初译稿进行了审读、校对和修改，并对全书的格式、文体、风格进行了统一调整。在此，谨向编辑谢明老师、丁品玥同学致以深深的谢意。

杨本明于上海

2024 年 10 月 31 日

前言

- 虽然是一个人，却是快乐的，可以想干什么就干什么。
- 因为是一个人，所以不快乐，做任何事情都提不起兴趣。

你属于上述哪一种类型呢?

有的人认为，地球离了自己就不转了；独处时，人一定是寂寞的。这些想法都是认知误区。

因为你是“孤家寡人”，所以你可以做很多事情。当你接受了孤独，你就能从“必须找个伴儿”的执念中解脱出来，你的工作和人际关系也会随之步入正轨。

人生在世，不要总想着找个人陪，只要你学会了独处，你的内心就会获得自由。你可以放手去做你想做的事，大胆地去做你喜欢的事。时间和空间皆由你支配，乐趣满满，幸福感足以爆棚。

你可以满怀好奇地去挑战，去疯玩，去学习，去交际。你就是生活的主人，你可以决定一切。

一个人去野营，一个人去小酌，一个人去旅行，一个人去“K歌”，一个人去“充电”。因为与人相处劳心费力，所以社会上的“万里独行侠”越来越多。

一个人去野营时，你无须对周围的人察言观色，完全可以按照自己的节奏，醉心于自己喜欢的事。你可以漫不经心地仰望星空，静听鸟鸣于野，以一种放松的心态尽情地品味当下。

其实，孤独的本质就是，自由地感知你身边的一切，或满含期待，或兴趣盎然，或聚精会神地去找寻生命的动力。

刚陷入孤独的时候，你可能会不适应，但是时间往往是最好的良药。

你能自己决定的事情越多，就越会觉得“孤独也不错”“孤独也有孤独的好处”，就越会觉得每一天的太阳都是新的。

独处不是寂寞，也不是不幸。

享受孤独的人是酷酷的、美丽的、幸福的、自由的、闪闪发光的。

本书所提到的“活在孤独中的人”并非指沉溺在自我世界当中的人，而是以自我感受为坐标，与他人保持着适当的交往，享受人生的人。

“别人是别人，你是你”，你如果能这样想，就可以优先考虑自己的感受，也能尊重别人的选择。因为本书以“独处”为前提，所以不论你是孤家寡人，还是过着高朋满座的生活的人，都能体会到与人交往的快乐与难能可贵。

无论何时何地，你都要学会独处。否则，你就会陷入期待越大，失望越大的死循环。能独处是一个人成熟的标志，它会让你更加懂得爱护自己和身边的人。

在这个世界上，最应该为你考虑的人就是你自己。不要求助别人，请用你的一己之力让自己变得更幸福吧！

有川真由美

第 1 章　一个人也没关系

由孤独而产生的“罪恶感”不过是一种错觉罢了

第 2 章　独处时，如何整理好情绪

看清孤独的真面目，和孤独做朋友吧

第 4 章　享受独处时光

会享受独处时光的人，无论何时都从容不迫

面对孤独，你是逃避型还是享受型？

逃避型

享受型

享受型

第 6 章 独处与人际关系

激活自己，影响他人

第1章

一个人也没关系

由孤独而产生的『罪恶感』不过是一种错觉罢了

001. 好的孤独

不能被孤独剥夺自由和自信

“我喜欢独处，但真正独处的时候又会有一种罪恶感。”

在写本书时，我做过一些采访。我发现无论男女老少，也不管这个人平常是孤家寡人，还是过着高朋满座的生活，都曾有过这样的想法。

“我喜欢一个人生活，但只要一想到会孤独终老就感到不安，也觉得不结婚生子很对不起父母。”

“我惧怕别人的眼光，觉得只要一个人吃饭，别人就认为你是一个孤独、寂寞的可怜人，这种感觉很可怕。”

“我每天都有家人陪伴，可依然不知足，想挤出一些自己的时间和空间，一这么想我就有很强烈的罪恶感。”

“我经常被同事孤立，因为我们无法在很多方面达成一致，我不喜欢这样的自己，对自己很失望。”

有以上想法的人大都有着“孤独就是坏事”“有人陪伴就是好事”的观念。在他们眼中，随孤独而来的是寂寞、可怜、悲惨、任性、异类等消极的评价。

然而，“孤独”或者说“独处”本身并无好坏之分。

轻易将孤独归为“坏事”，是人生的一大损失。因为你如果执着于“必须有人陪着”，就会一直受制于这个观念并不断被折磨。

例如，在职场中，很多人会特别在意他人的眼光，担心一个人吃饭很丢脸，会被别人笑话“人缘差”。于是他们选择迎合他人而去自己不喜欢的餐厅，或者干脆一个人躲起来吃饭，结果把自己搞得身心疲惫。

长此以往，他们就会不知道自己想要什么，甚至还会给自己套上“孤独让我像个废物”的枷锁，从而彻底丧失了自信。这才是最可悲的事。

其实，不妨试着停下脚步思考一下：“等等，‘一个人’真的有那么不好吗？”当你认真思考后，就会发现，“一个人”的状态很不错啊！一个人可以想去哪里就去哪里，喜欢什么就吃什么，你的身心将重获自由，你的时间和空间也都可以由你尽情支配……你的幸福感会喷涌而出。

如今，提到孤独，人们都会觉得是坏事，整个社会对孤独都是负面的评价，人们会想尽一切办法逃避孤独。然而，孤独真的是坏事吗？孤独何错之有？

002. 生理层面的孤独≠心理层面的孤独

一个人反而更轻松

那么，让我们来探讨一下什么是“幸福的孤独”。

我们总是倾向于认为一个人就会孤独。但生理层面的“孤独（独处）”和心理层面的“孤独（寂寞）”截然不同。有的人确实难以忍受心理层面的孤独，即寂寞；有的人反而喜欢生理层面的孤独，即独处。我认为，独处不等于孤单、寂寞、冷。那些认为一个人就会孤独的人只是想得太多罢了。

其实，相较之下，与人相处才更容易感到孤独。因为人一旦处于人际关系中，就会无意识地对他人产生期待。“为什么不能好好相处”“为什么不听我的想法”“为什么不理解我”“为什么不帮我”……每当这时，人就很容易感受到孤独。

然而，很多时候我们认为的好好相处、互相理解不过是一厢情愿，终究会沦为一个人的期望和失望罢了。倘若我们不再期待，反省一下自己是不是想得太多，就会轻松很多。反之，如果我们一直纠结于此，就会被孤独牵着鼻子走，最终伤害到自己。

我 20 多岁的时候，也常常觉得内心很孤独，总是忧虑着“为什么公司不表彰我”“为什么恋人不联系我”，常常一整天都是内心烦躁、说话呛人的状态，最终导致很多重要的人际关系以破裂收场。有时，为了填补内心的空虚，我还会暴饮暴食、疯狂购物。

其实，孤独就是一场“心灵感冒”，只要我们休息休息，转移一下注意力，就能恢复过来，但若一直纠结其中，焦躁、不安、易怒、仇恨、自卑、自我厌恶等一系列负面情绪便会不断冒出来，“感冒”症状就会不断加重。

很多时候，对身心造成损害的并非孤独本身，而是“一个人就会孤独”的错误观念。

因此，别再纠结，别再被孤独牵着鼻子走，也别再伤害自己了。我们自己内心生出的情绪，可以由我们自己来疏解。

003. 孤独是好是坏，取决于自己的选择

一个人也可以很优雅

我 20 多岁的时候，常常陷入孤独的泥沼。究其根本，就是因为抛不开世俗的想法。“必须出人头地”“必须顺从公司”“必须结婚”“必须被社会认同”……我抱着这些“必须”谨慎前行，生怕自己偏离人生轨道，害怕成为失败、不合群的人。因为过于在意自己如何被比较、被评价，所以我一直都被外界的评价牵动着喜怒哀乐，绝不容许自己有半点懈怠。

直到 30 多岁时，我和昔日的恋人分手了，又从本打算干到退休的公司辞了职，变成了真正意义上的孑身一人。此时，反而有一种不可思议的感觉涌上我的心头。

“一个人原来也不错啊！孤独同样可以很优雅。之后的

路就是我一人走了，没人再对我的生活方式指指点点了。我可以随心所欲地选择自己的人生旅途。”

当我第一次意识到孤身一人反而可以做很多事情的时候，我眼前的世界顿时开阔起来。我发现，我可以挑战一切新事物；我可以满怀好奇地去学习；我可以换一种环境，和各种各样的人交流；我是自己人生的主人，我能主宰我的一切。

当我向孤独敞开怀抱时，“要出人头地”“要和每个人都好好相处”的想法一哄而散，就好像身体里那个因用力过猛而一直空转的齿轮又重新转动了起来。

其实，说到底，人生就是一场“一个人的旅程”，无论生死都是“一人行”。

我们越是讨厌孤独、否定孤独，就越会被孤独侵蚀，乐于孤独、肯定孤独反而能造就一颗强大的心脏。刚开始一个人的时候肯定会感到孤独，会很不适应，但很快我们就会发现，其中的乐趣无穷。

当我们能够体会到孤独也有好处，感受到其中的乐趣，也受益于孤独的正面影响时，我们就会发现每天的太阳都是新的，每天都充满了希望。

其实，一个人有一个人的好，有人陪伴也有有人陪伴的好。当我们能意识到这一点后，就不会再惴惴不安，内心的渴望也将逐渐浮现。

004. 享受独处的人不会对他人抱有过分的期待

享受独处的人是幸福的人

我有一位 80 多岁的女性友人，她一个人住在深山里的一栋房子里。很多人都很担心她，常常问道：“一个人住在这里不孤独吗？”

她回答说：“每天光是照顾农田、做做家务、画画就已经很忙了，哪还有时间感到孤独呢？”即便如此，那些人也依然觉得她在逞强，毕竟在他们看来，一个人就会孤独，他们无法理解她的心境。

“这里虽然没什么人，但每天都有小动物来玩耍。四季的变换、风的声音、水的声音、太阳的暖意……当我感受到这些大自然的馈赠时，心中就会十分满足。”

可见，她很善于从身边的环境中发觉喜悦与幸福。一个人的时候能够尽情享受肆意的生活，遇到困难的时候也能主动寻求帮助，这种潇洒的姿态真的很酷！

相反，不适应孤独的人总是想要有人陪在自己身边，总是对他人抱有期待，所以经常会抱怨别人不陪伴自己，觉得别人太冷漠，总是抱着不切实际的期待，有时甚至会强求别人关注自己。

人一旦对他人抱有过高期待，就很难独立做事了，长此以往，就会变得依赖性很强，闷闷不乐，内心的孤独感也会愈发强烈。

很多人觉得一个人过生日、过节很孤单，这是因为在他们看来，过节就必须找个伴，所以就一直翘首盼望着可以与之共度佳节的那个人到来。

其实，大可不必对孤独感到悲观。

享受孤独的人会发挥自己的想象力，他们会把一个人过生日看成和自己对话的机会，会享受美好的一人旅行，不会执着于生日这天非要做什么轰轰烈烈的事情。他们会骄傲地挺起胸膛，感受内心的充盈与幸福。

如果你也感到孤独，那么就请你再思索一番，想想自己拥有什么，还能再做些什么。

005. 一个人很丢脸吗

旁人的目光会让人迷失自我

谁的青春不迷茫？青春期时，孤身一人确实十分心酸。我在青春期时也是如此。因为害怕一个人，我常常连上下学、进教室、去厕所时都要找人结伴同行；因为害怕被人说不合群，所以我也跟着追捧朋友们喜欢的偶像。当时，班里的一些女生甚至会因为害怕毕业旅行被分在没有熟人的组里而干脆请假不去。

高中选所学科目时，我明明已经选择了地理，但因为不想一个人、想和朋友一起，又改选了历史，最后学得不好，悔不当初。

如今想来，比起不喜欢独处，也许我更多是害怕被贴上“没朋友”“很失败”的标签，因为这在我看来是很羞耻的事。

所谓羞耻，就是在意识到“自我”后产生的情感，人一旦产生这种情感，就很容易对旁人的眼光耿耿于怀。换言之，那些认为孤身一人很羞耻的人，本质上就是自我意识过剩的人。

相反，如果一个人能抱着“反正没人注意我”的心态，那么那些羞耻感也就荡然无存了。

虽说人在青春期时害怕孤单是很正常的现象，但其实很多人在成年后也依然抗拒单独行动。在他们看来，一个人吃午饭、一个人看电影是很尴尬的事，因为比起自己的感受，他们更在乎别人的看法，结果凡事都要依赖他人，自己一个人时就什么都做不了。

其实，孤身一人并不羞耻，反而是精神独立的证明。

相反，该自我反思的不是那些孤身一人的人，而是那些对孤独抱有偏见，觉得没人陪就很可怜的人。

近几年来，越来越多的人选择一个人吃午饭、一个人看电影、一个人唱卡拉 OK、一个人看演唱会、一个人露营……这种生活方式也逐渐得到了社会的普遍认可，所以我们更加不必对孤独感到羞耻。

只要体验过一次“孤独”，你就很有可能爱上这种感觉，对孤独“上瘾”。渐渐地，你会想在午饭时间一个人静静地吃饭以暂时忘记工作，你也会享受一个人沉浸在电影中的时间。

真正意义上的“大人”会把自己的感受放在第一位，并以此为坐标，重新绘制自己的人生蓝图。

006. 一个人很不幸吗

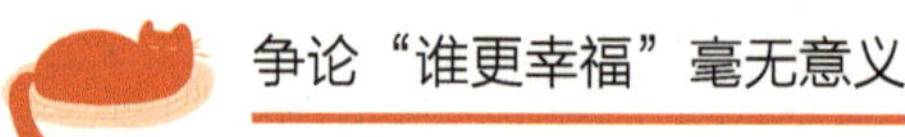

争论“谁更幸福”毫无意义

据说，此前主推家庭、情侣旅行的邮轮旅游项目如今也陆续推出了适合个人游客的服务。这些服务包括为个人旅行者提供专属楼层，创造让他们能相互交流的环境，目的就是想让个人旅行者也能尽情享受邮轮之旅的乐趣。

事实上，世界范围内的“孤身一人”现象已是再常见不过的了，但仍有不少人坚持认为一个人就是不幸，甚至连电视节目和广告中也隐含着“有人陪着才是幸福”的观点。

一个人真的很不幸吗？一个人就不能获得幸福吗？

恰恰相反，孤独的人越多，社会功能就会愈发完善，每个人都不再被自己的家族、出身所限制。这是一件多么幸福的事啊。

独处时可以做的100件事

01 周末一个人探店，当一次孤独的美食家

02 泡温泉，点上香薰蜡烛，放一段舒缓的音乐

03 去寺院观光或者干脆住一晚，让自己的心慢慢地平静下来

04 去公园湖边的长椅上坐一坐，听鸟鸣

05 周六阴天，拉上窗帘，躲在被窝里追剧

06 煮咖啡，一边喝一边对着窗外发呆

07 睡前读一本小说，床头开一盏小台灯

08 早早地起床，去看一次日出

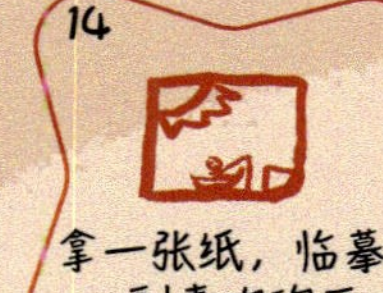

09 大扫除，果断扔掉一年都用不着的东西

10 整理书柜，翻看以前读过的书和笔记

11 整理电脑桌面，清理垃圾文件

12 利用一个下午去附近的小公园散步，偷得半日闲

13 学腹式呼吸，做冥想练习

14 拿一张纸，临摹一副喜欢的画

15 给自己买一束花

16 去公园的草地上晒太阳

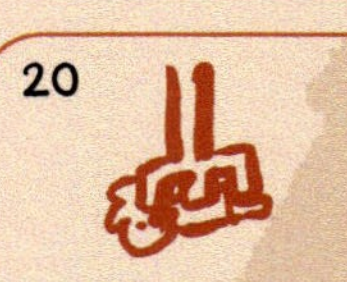

17 整理手机相册

18 养一只宠物，蚂蚁也可以

19 听一场音乐剧，去之前先了解故事背景，做好功课

20 留足预算，尽情抓一次娃娃

21 去吃回转寿司，坐散客位子，感受传送带传递的热情和多巴胺带来的快乐

22 去吃以服务周到著称的小火锅，感受这份独宠

23 带着萌宠娃娃去旅行。世界那么大，总要带它去看看

24 建立一个专门歌单，心情不好的时候就打开听听

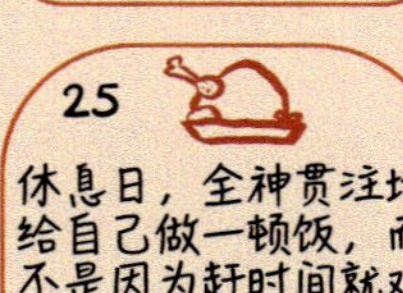

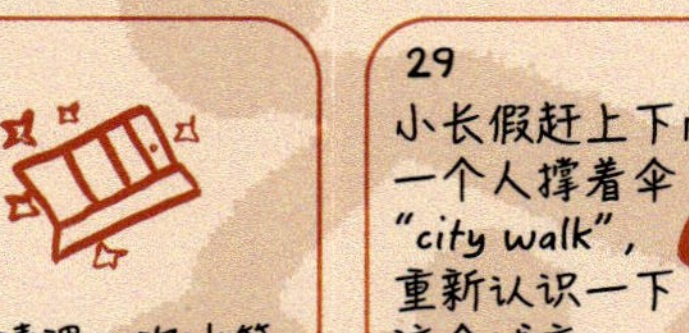

25 休息日，全神贯注地给自己做一顿饭，而不是因为赶时间就对付一口。体验烹饪过程的心流感应

26 学习一套太极拳或八段锦

27 扔掉过期的化妆品

28 彻底清理一次冰箱

29 小长假赶上下雨天，一个人撑着伞"city walk"，重新认识一下这个城市

30 专心拼一次拼图

31 尝试在公园里夜跑

32 尝试拍一次 Vlog，记录一天的生活

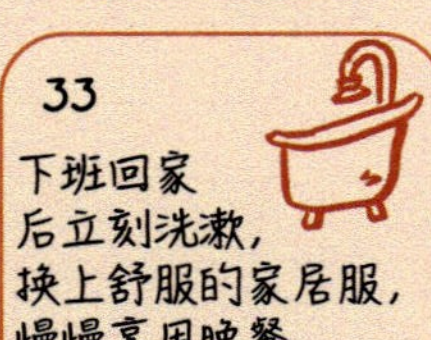

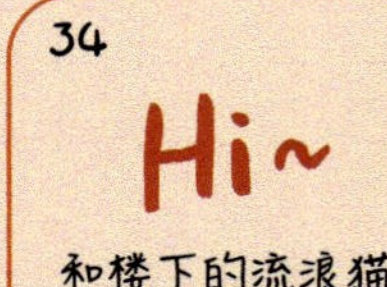

33 下班回家后立刻洗漱，换上舒服的家居服，慢慢享用晚餐

34 和楼下的流浪猫打招呼

35 周末乘坐公交车，城市一日游

36 去花鸟市场逛逛，买一盆喜欢的花或一只宠物抱回家

37 去公园看老人下棋，看小孩嬉闹

38 给很久没有联系的好朋友打一次电话

39 去农家乐采摘水果

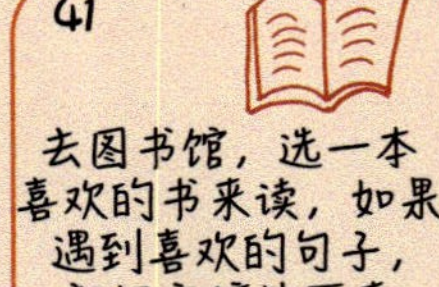
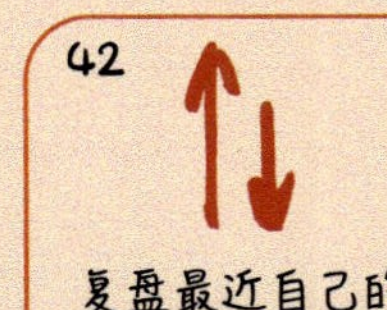

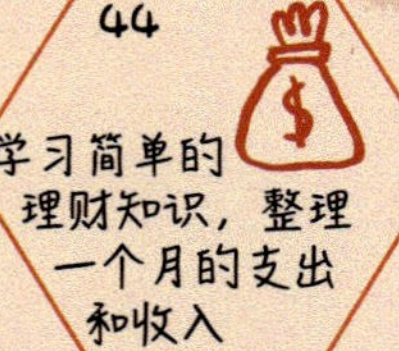

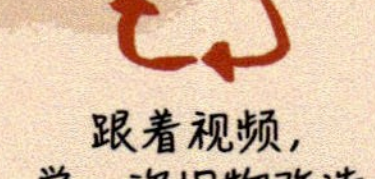

40 做一份阅读书单

41 去图书馆，选一本喜欢的书来读，如果遇到喜欢的句子，就把它摘抄下来

42 复盘最近自己的进步或不足

43 打开 K 歌软件，学会唱一首歌

44 学习简单的理财知识，整理一个月的支出和收入

45 看一部老电影，重温经典

46 一个人旅行，并做好详细的攻略

47 跟着视频，学一次旧物改造

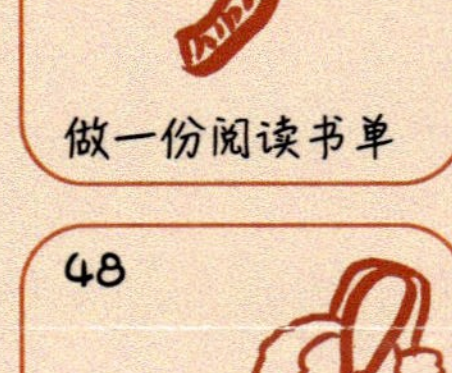

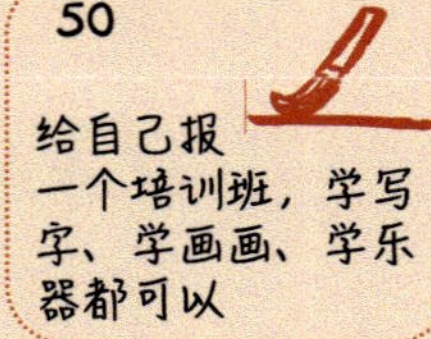

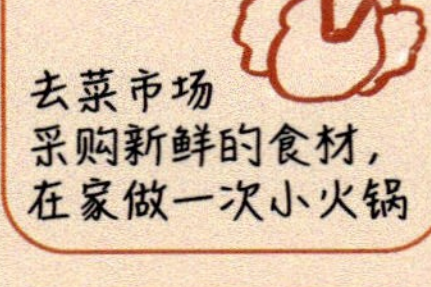

48 去菜市场采购新鲜的食材，在家做一次小火锅

49 逛早市，感受大清早的人间烟火气

50 给自己报一个培训班，学写字、学画画、学乐器都可以

51 学习摄影技巧，并出去拍照实践

52 看高分纪录片，提升自己

53 跟着博主学习穿搭

54 跟着教学视频练习瑜伽

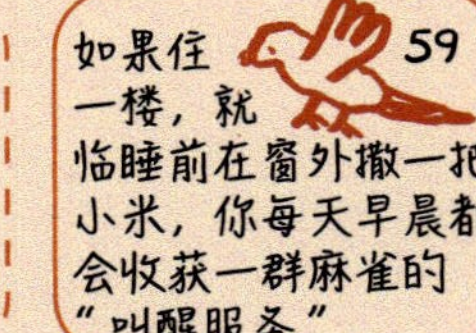
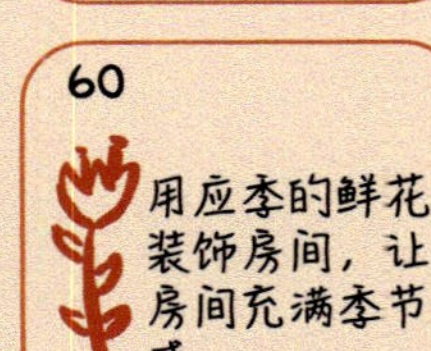

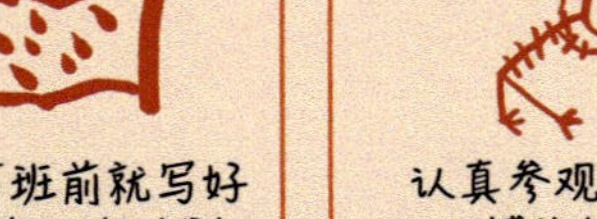

55 清理微信通讯录，删掉不想再联系的人

56 选择一家略贵的酒店，体验"非日常"的感觉

57 在网上学习画插画

58 拼乐高，做出一个完整的作品

59 如果住一楼，就临睡前在窗外撒一把小米，你每天早晨都会收获一群麻雀的"叫醒服务"

60 用应季的鲜花装饰房间，让房间充满季节感

61 周五下班前就写好下周的工作计划

62 认真参观一次博物馆

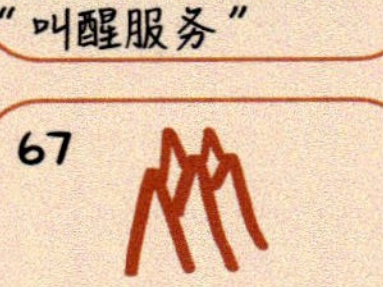

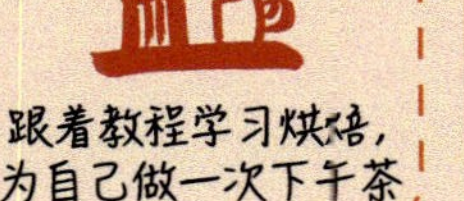
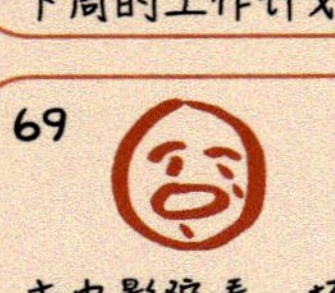

63 分别给十年和二十年后的自己写一封信

64 看一次画展

65 去现场听一次演唱会

66 买很多盆多肉植物，整整齐齐地摆在窗台上

67 周末早早起床去爬山，感受山林里的自然气息

68 跟着教程学习烘焙，为自己做一次下午茶

69 去电影院看一场催泪的电影，带够纸巾

70 去理发店换一个喜欢的发型，再搭配一套适合这个发型的衣服

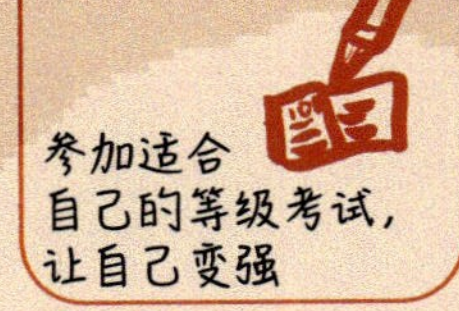

71 去做一次面部护理

72 参加适合自己的等级考试，让自己变强

73 傍晚沿着湖边骑行，感受风吹发梢

74 去撸猫馆和猫猫玩一下午

75 看一场传统戏剧，体验古典美学

76 上网课，学习一门小语种

77 用 21 天养成一个好习惯

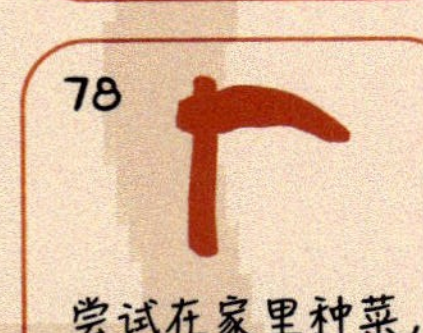

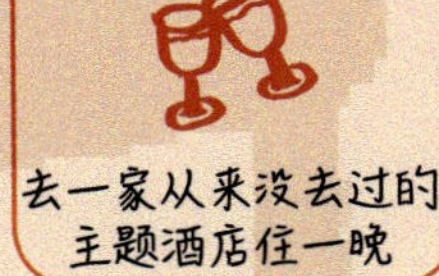

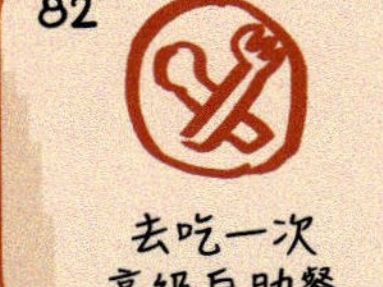

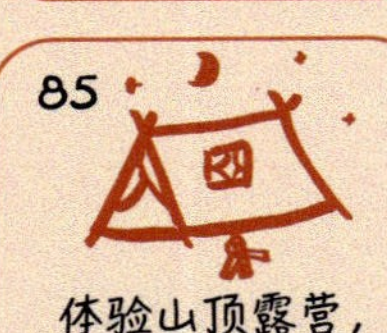

78 尝试在家里种菜，自给自足

79 买小衣服，打扮宠物猫

80 去一家从来没去过的主题酒店住一晚

81 蒸一次桑拿，放松自己

82 去吃一次高级自助餐

83 写心情日记

84 定期给头发做护理

85 体验山顶露营，看看日落和日出

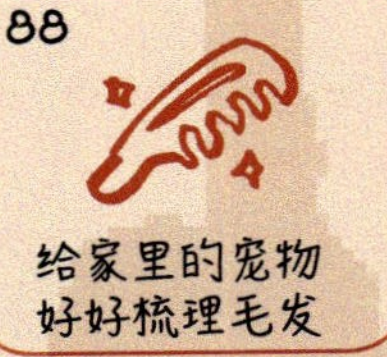

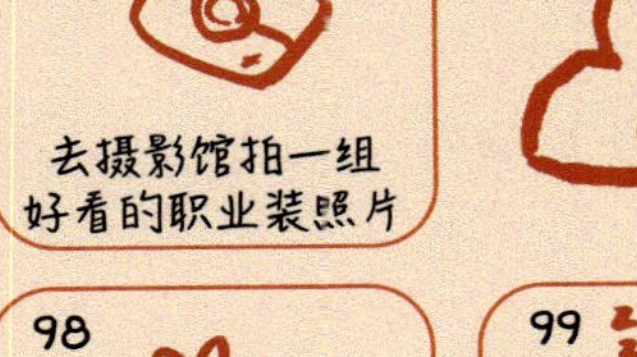

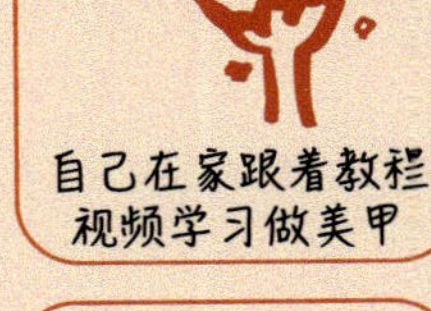

86 尝试做博主，分享自己擅长的技能

87 学习基础的茶艺知识，泡茶给自己喝

88 给家里的宠物好好梳理毛发

89 制订健身计划，并且尝试着执行

90 去逛夜市，感受这个城市入夜后的灵魂

91 去摄影馆拍一组好看的职业装照片

92 自己在家跟着教程视频学习做美甲

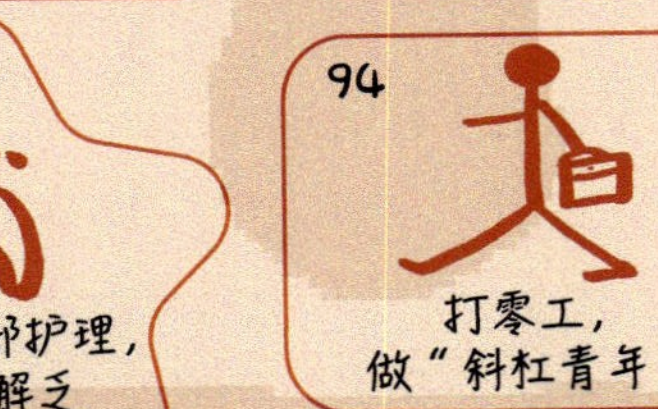

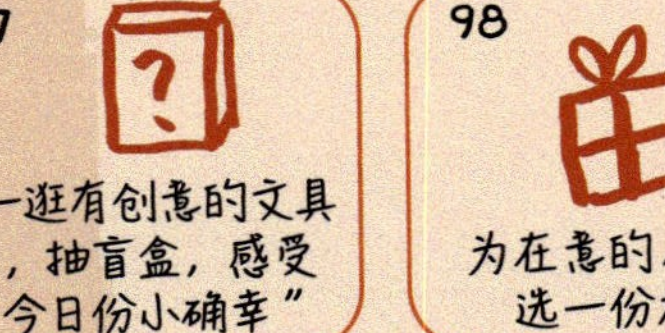
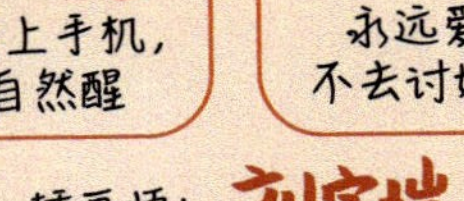
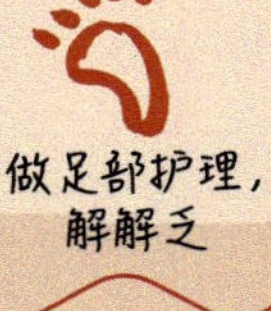
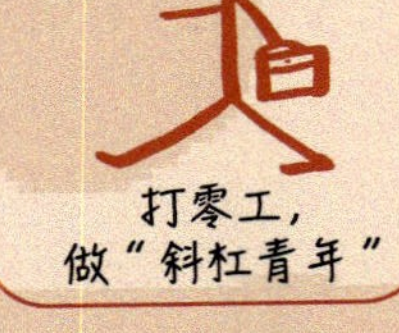
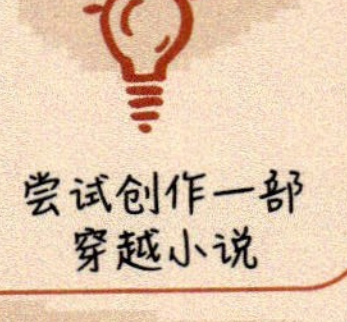

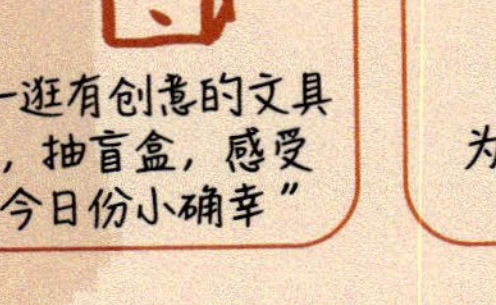
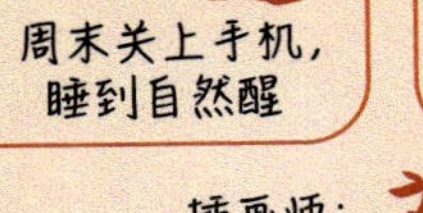

93 做足部护理，解解乏

94 打零工，做"斜杠青年"

95 尝试创作一部穿越小说

96 去游乐场坐过山车

97 逛一逛有创意的文具店，抽盲盒，感受"今日份小确幸"

98 为在意的人用心选一份礼物

99 周末关上手机，睡到自然醒

100 永远爱自己，不去讨好任何人

插画师：刘宇恺

其实，争论哪种生活方式更幸福毫无意义。因为有人陪伴有有人陪伴的幸福，一个人也有一个人的幸福；相反，有人陪伴也有有人陪伴的不易，一个人也同样如此。

无论选择哪种方式，大家只要能够找到属于自己的幸福就很好。

最重要的是，要拥有一个人也能幸福生活的能力。当然，这里所说的“幸福生活的能力”并非指赚很多钱，从本质上说，其实是一种享受“单人游戏”的能力。

就像小孩子沉浸于玩沙子、画画一样，“幸福的孤独”就是玩好自己的“那堆沙子”，它意味着要挖掘自己的爱好，并沉浸其中，享受它带来的乐趣与喜悦。其实，工作和学习也是这“单人游戏”中的一环，我们需要带着自己的目标去不断挑战、不断冒险。

日本室町时代的僧侣莲如上人曾说：“莲友之前显露喜悦，这是名闻；若是信心，则虽一人亦喜。”① 意思是说，一个人会因在人前被夸赞为幸福之人而沾沾自喜，是因为其渴望名誉和认同；而即便没有人称赞，一个人也能幸福的人才是真正幸福的人。

由此可见，贤明之人即便孑然一身，也十足快乐。

① 出自《莲如上人御一代记闻书》

007. 我们对独处的渴望是一种本能反应

如果想要与人相处，先要找回自己

“同事和朋友都说我人缘不好，但我太喜欢独处了。”

“父母一直催婚，但我还是想一个人生活。”

“和家人在一起时，也会想一个人出去走走。”

随着时代的发展，越来越多的人变得想要独处，想要一个人待着。

然而，大多数人在想要独处的同时又会萌生一种罪恶感，认为这是叛逆、任性的表现。

其实不然，因为人类对独处的渴望早已是一种本能反应，“想要独处”不仅理所当然，还是珍爱自己的表现。

要我说，人类从本质上来说就是孤独的动物，每个人都有自己的独立人格，都有不同的想法和生活方式。

在繁忙的生活中，我们不停地切换、扮演着各种各样的角色，我们是儿女，是父母，是职场人，也是妻子或丈夫。然而，什么时候才轮到自己？为了不忘记真正的自己，我们发出了“想要独处”的求救信号。

尤其当下社会还充满了同辈竞争，我们什么都不做就已身心疲惫，难免会想一个人休憩片刻，得以喘息。因此，为了能在复杂的人际关系中生存下去，独处的时间至关重要。

人若孤独，心便自由。如同艺术家和小说家在孤独中大发灵感一样，我们普通人也能在孤独中重振心情，寻找自己的生活方式，让自己成为不受他人所控、独属于自己的个体，最终寻回生命的能量。

当然，作为人，我们在期待独处的同时也会盼望与他人相伴，这也无可厚非。如今，有些公司实行居家办公制度，这在一定程度上提升了我们的工作舒适度，但与此同时，人与人之间的距离也逐渐变远，我们也开始怀念与他人交际的感觉。

仔细想来，我们就是在这种“期待陪伴”和“想要独处”中左右摇摆，其实也是在紧绷和舒缓的状态中反反复复，我们就是这样保持着内心的平衡。

008. 每当我试着合群一次，我对独处的好感就上涨一分

在职场中，很多人都会因为无法融入社交环境而苦恼，觉得自己是一个漂浮的人。

“感觉自己总是被其他人忽视，工作时没人来搭话，下班了也没人邀请去小酌，提出的意见更是无人在意。虽说在职场中应该专注于工作，但别人其乐融融、闲聊放松的样子让我感到很不安，觉得自己非常孤独。”

我也曾切身体会过这种感觉，还为此苦恼过，反复思考到底是在哪件事上我给别人留下了不好的印象，我甚至怀疑自己被职场霸凌了。

我常常一边看不惯八面玲珑的同事，一边又陷入自我否

定的怪圈，反复拉扯着自己，最终搞得自己精疲力尽。

其实，因融入不了周围环境而产生的孤独感和疏离感，并没有那么可怕，我们也不用过于在意。不妨换一个角度想想“孤独又怎样呢”，然后一笑而过即可。

当用第三方的角度来看待自己时，你就会发现何谓“当局者迷，旁观者清”，就能意识到这种问题根本不需要烦恼。

我们之所以烦恼，究其本因，就是忘了“人生而不同”这一前提。

正是因为每个人都是不同的，所以在人际交往中大家产生摩擦也是十分正常的现象，但或许是从小接受的教育使然，我们总习惯于融入周围的氛围，觉得只有这样才能心安理得。

事实上，我们每个人都有独特之处，我们的性格、背景、价值观等都不尽相同。那些看起来八面玲珑的人也可能只是戴着面具，他们也许只是表面上融入了集体，却因无法展现真实的自我而感到痛苦和自卑。

对成年人而言，要想守护真实的自我，就必须忍受孤独。当我们能够坦然面对来自周围人的排挤，也就会更包容人与人之间的差异。也许在不经意间，彼此认同、拉近距离的契机就出现了。

“人生而不同”。若能这么想，我们的生活定会更加悠然自得，内心也会更豁达。

009. 没有家人和孩子就无法幸福吗

无论处境如何，拥有幸福能力的人自会幸福

即便是在现代社会，也仍有不少人认为“不结婚、不生孩子就不能独当一面”“没有孩子的人是不完整的，在人格方面毫无成长”。

在他们看来，守护孩子、陪着孩子一起过五关斩六将，自己也会成长很多，他们为这样的自己感到骄傲。

不可否认，这确实是极为美好的人生体验。但不考虑他人的感受，就把自己的价值观强加于他人身上，这样的人真的成长了吗？事实上，有些人即便有了孩子，感恩、善良、责任感等这些做人最基本的要素也是缺失的。

一个人真正的价值，并不是由是否有结婚、育儿的经历来决定的。

比起身份和经历，能够使人成长，能够让人提高社会能力的是每个人应对、处理事情的经验积累。

在我认识的人里，有些人出于要工作、要照顾父母、要调养身体等原因，不得不放弃组织家庭，但即便没有孩子，他们仍充满爱与智慧，十分令人敬佩。

如今，我们的社会已经有了很大的包容性，人们会更理解一些特殊群体，但对单身人群的歧视与偏见依然根深蒂固，甚至有些单身人士自己也会贬低自己。其实，问题并不在于孤身一人，而在于因过于在意孤独而变得萎靡不振。仔细想想，这不过是一句“那又怎样”就能释怀的问题。

另外，“没有家庭就不会幸福”“孤独终老很可怕”等这些说辞也都是巨大的谎言。不可否认，家庭确实能带来幸福，但许多矛盾也因家庭而起。要知道，如今早已不是依靠子孙就能安度晚年的时代了。

相应地，独自生活也能带来幸福，但随之而来的也有辛劳和寂寞。这世上本就无世外桃源，哪条路都有光有影，有利有弊。

因此，我们要时刻提醒自己不要否定立场不同的人，否则人与人之间就会生出隔阂。我们应保持谦逊，尊重他人的选择，体谅他人，这样对自己也有帮助。

010. 没有朋友也没关系

人生而孤独，试着拥抱孤独

在大多数人看来，没朋友的人等同于没有魅力的人。因为我们从小就被灌输了朋友越多越好，没有朋友就很失败的观念。看到那些人群中的焦点人物，我们总会不由得羡慕并感叹一句“招人喜欢真好啊”，然后唉声叹气，喃喃自语着“我怎么就没朋友呢”。

如今，各种社交软件又让朋友的数量更加直观，于是人们为了获得更多的粉丝数和点赞量而奔波忙碌，却由此引发出更多“不幸的孤独”。

其实，很多时候人们惧怕没有朋友并不是因为真的需要朋友，更多是因为社会的普遍评价标准，即用朋友的数量来评判个人的价值。然而，即便是孑然一身的人也能够存活于世，可见有朋友并不是人生的必选项。

朋友在伴知足常乐，无朋亦可自在逍遥。一个人的时候反而能拥有更多的个人时间，可以用来提升自己和丰富兴趣。

如今越来越多的人开始退出社交平台，以寻回自己的时间。因为他们意识到浮于表面的朋友不交也罢，反而一个人更自在。我身边有些人几乎是不发朋友圈的。

事实也确实如此。朋友一多，光是处理人际关系就会让人晕头转向：忙着给别人评论社交动态，忙着参加大型聚会，忙着回应每个人的情绪，不知不觉中我们就会消耗掉大量的时间和精力。这些浮于表面的交流会让我们身心俱疲，甚至可能会让我们忽视真正重要的人、重要的事。

“没朋友又咋地？！”

当我抱有这样的心态后，反而发现了许多值得深交的朋友。所以，如果你不爱交际就不必勉强自己，只要想通这一点，你便能从复杂的人际关系和“不幸”的孤独中走出来，说不定就能遇到真正值得深交的朋友。在我看来，这可能是命运给予独行者的一份礼物。

011. 人际交往中的刺猬困境

拥有离开的勇气

“每次和以前关系很好的朋友或同事见面叙旧，我总是觉得话不投机。对方总是吹嘘自己，还总想把自己的价值观强加给我，真是令人不爽。”

相信很多人都有过类似的经历。那么，为什么曾经的朋友会变成令你讨厌的人呢？或许你的内心深处并不喜欢他们，但考虑到对方是以前的朋友或同事，你觉得应该好好相处，如果断绝往来、冷落对方会让你产生罪恶感和孤独感，于是你委屈自己，强迫自己做着不喜欢的事情。这时，你就会体会到孤独的痛楚。

然而，勉强自己和讨厌的人来往并不容易，你内心的烦躁和郁闷会一点点地堆积起来，一不小心就可能会表现在表情上或言语中，最终可能就会演变为打从心底里厌恶对方、互相伤害的结局。

其实，觉得对方很讨厌、很难缠是因为你们的距离太近了。

我们谁都会有不擅长应对的人。如果拉远彼此的距离，远到连对方的讨厌之处都看不清了，或许你就不会感到烦闷了。

如果你和你的朋友之前每个月都要见面，突然时隔一年不见，也许你就会想“他还是有很多优点的，要不要重新发现对方身上的闪光点，然后久违地联络一下感情呢？”如果双方已经完全忘记了彼此，那就说明你们的关系也不过如此。同样，职场上的关系也应如此。当面对令人头疼的上司和客户时，你也不用勉强自己与他们好好相处，可以聊一些不疼不痒的话题。当然，你也可以拒绝那些不喜欢的邀请，保持好一定的距离，维持好职场的体面即可。

只要掌握好距离，我们就可以和他人自在来往。

真正棘手的其实是家人以及情侣之间的关系，因为即便再有隔阂，这些关系也无法彻底立刻切断。很多时候，我们明明已经伤害了对方，但顾忌着亲子关系、情侣关系，依然坚持不放手，久而久之，这种爱就会变成恨，最终甚至变得一发不可收拾。

其实，人与人的关系就是一个刺猬困境，太近就会相互伤害，太远又会感到寂寞。人与人之间的交往，并非越亲密越好，而是要在忽近忽远的过程中，逐渐寻找一个令人舒适的距离，这才是成熟的交往。

为此，我们需要拥抱孤独，拥有“离开”的勇气。

012. 过于“察言观色”，会让我们失去自我

在人际交往中，察言观色、随声附和是一种减少摩擦的生存技巧。它能保护我们免受指摘，让我们给人留下体贴、礼貌的印象。然而，一味地察言观色也可能会给我们带来无法挽救的巨大损失。

我还在职场时，也经常察言观色，时刻注意着周围的氛围变化。尽管也没有人提醒我别做什么，但我自己严格遵守着各种“规则”，如“不能走在前辈的前面”“不要多嘴”“不要过于引人注目”，等等。只有在与周围人保持一致时，我才能感到安心。

然而，当察言观色成为一种习惯后，我在人际关系方面

的压力就越积越多，最终发展到了连公司都不想去的地步。

当我们习惯性地压抑自己，就会逐渐失去自己的看法和主张。对他人的需求过于敏感，势必就会对自己的需求愈发迟钝。

原是为保护自己而迎合他人，到头来却反而忽视了自己，最后在不知不觉中走向了身心俱疲的悲剧。

察言观色导致的另一个悲剧就是我们会逐渐看不清事情的本质。例如，本想为顾客提供更好的服务，却忌惮于同事们不想徒增工作量的态度，于是为了维系职场的人际关系而逐渐忘记了初衷。

其实，越是认真优秀的人越容易陷入“同辈竞争”的陷阱，从而导致无法达成好的结果，也无法发挥自己的能力。真正的强者就像日本电视剧《X 医生》中的主角一样，他们会追求一种专注于自己的、离经叛道式的生活方式。不过我们大多数人都是普通人，因此我还是更推荐不被定义的生活方式，即“他人是他人，我是我”。即使最终没有达成什么成果，但起码这种生活方式是在追求自己所爱。

无论是工作方面还是兴趣方面，这种专注于自身的状态才是“幸福的孤独”。

013. 不要陷入“只有我很孤单”的消极情绪

并不是只有你孤独，人人皆孤独

“每到周末，其他人都是和亲朋好友相聚在一起，看上去非常幸福，只有我是孤零零的一个人。”我的一位女性朋友常常把这句话挂在嘴边。节假日时，她总是没心情出门，一个人在家里“躺平”，平时遇到不高兴的事时，更是连续几天都心情沉郁，想到伤心之处还常常潸然泪下。

这种“只有我很孤独”的消极心态常常隐藏在我们内心的小角落里，它虽算不上是精神创伤，但每天都在一点一滴地消磨着我们。这种消极情绪积累到一定程度，就会在不经意间对我们造成巨大的伤害。

其实，和他人组建家庭后也不见得就不会孤独。日本的很多女性在结婚后会选择辞职回家带孩子。面对加班到半夜的丈夫，即使内心埋怨丈夫不帮忙带孩子，晚归也不打招呼或是夫妻间没有交流，她们也会默默忍受，因为不想和丈夫起争执。

然而，明明说好周末出去玩，结果因丈夫的一句“太累了，不想去了”就轻易取消了。此时，平时积累的怨气一下子就爆发出来了。被惹恼的妻子哭诉着埋怨丈夫“你根本就不在意我”“早知道就不辞职了”，丈夫也因妻子的不理解而感到孤独，回嘴道“你根本不知道我有多辛苦”。最终，双方因不想看到对方而选择分居，从而陷入更加孤独的境地。

如果总是抱着“只有我很孤独”的消极心态，我们就会变得易怒暴躁，甚至可能做出自毁的行为。

制造麻烦的“暴走”老人和动不动就发牢骚的投诉者。其实他们的这些行为有可能源于因渴望被人认同而产生的孤独感。另外，因家人间的沟通较少而产生的孤独感，因退休后感觉被社会抛弃而产生的疏离感，也都是引发这些消极行为的原因。

事实上，在这世上，并不是只有你一个人会孤独，谁来这一世不是单枪匹马？当我们退后一步看世界，就会发现世人皆孤独，也就不会被孤独所伤了。

014. 城市的孤独与乡村的孤独

意识到“人生而孤独”，反而能四海为家

近年来，城市的孤独问题常常成为人们讨论的焦点。人们觉得城市里的人很冷漠，即便身处人群中，内心却依然觉得孤独。我们和一大群人住在一栋公寓里，却不知道邻居的名字，电梯里相遇时彼此也沉默不语，甚至和老人、孩子也都搭不上话。在城市里，人与人的交流是流动的，且大都只停留于表面。每个人都仿佛散发着“生人勿扰”的气息，表现得惴惴不安。

很多年前的一首日本歌曲《东京沙漠》就表达过类似的困境：“人际关系像沙漠一样干枯，死气沉沉的城市一隅，我们相互依靠着生存下去……”可见，无论是过去还是现在，人多的环境确实更容易让人感到孤独。

相较于城市，人们会倾向于认为乡村的环境更温暖，人也更热情。在大多数人看来，乡村的人口稀少，村民之间必然沟通交流，大家不得不互相帮助、互相监督，“没有坏人”的安全感便会油然而生。

然而，日本的乡村也存在其独有的、更为严重的孤独问题。在乡村里，人与人联系得越密切，就越容易被拿来比较和评价。因为，在狭窄的小圈子型人际关系中，话语权都掌握在掌权者和多数派手中，一旦和他们出现意见和价值观的冲突，你就会因不被理解而产生深深的孤独感。

我也曾在偏僻的村庄里住过一段时间，期间得到了很多帮助和照顾，还算是比较幸运。但在内心深处，我一直担心自己因“做错”了什么而被全村人孤立，害怕没法继续住下去。事实上，很多人搬到乡下又回城市的主要原因就是无法融入当地的人际关系而倍感孤独。

可见，无论何时何地，孤独都会存在。若能意识到“人生而孤独”，反而能四海为家，还能在享受孤独的同时与他人交往。

在快节奏的都市里中，那些不干涉他人、只关注自己的人反而能如鱼得水；在必须与人来往的乡下，那些能够享受孤独的人反而能自在地生活，找到自己的定位。

享受孤独的人不会抱怨人情冷漠，也不讨厌与他人的来往，他们的口头禅常常是“这样也不错嘛”。他们会坦然接受当下的环境，同时享受与他人的交往。

015. 社交软件有时只会让你觉得更加孤独

无形的关系也会产生期望和失望

现在社会，很多人在感到孤独和想要交流的时候，会通过社交软件来填补心中的空缺。

社交软件确实是一个方便的交流工具，无论何时何地，任何人在上面都能互相交流。有的人通过社交软件来解决烦恼，有的人通过社交软件来交朋友，有的人则用它来查找信息。总之，只要我们运用得当，社交软件能给我们很大的助力。

然而，若只是漫无目的地随意交流，或是总期待着别人的回应，反而会增加我们的孤独感。

我们每个人都渴望被认同，甚至在社交软件上都害怕被孤立。尤其是那些没有自信、现实中的人际关系较差且常常郁郁寡欢的人，他们会更迫切地想要与他人交流，渴望有人能够理解自己。

他们常常直至睡前都是手机片刻不离手的状态，频繁地刷着社交软件，被评论数和点赞量牵动着喜怒哀乐，甚至影响了日常的工作和生活。这些现象就是“社交软件依赖症”的前兆。很多人都会沉迷于社交软件上的动态点赞量，会因为没得到预想的回应就感到孤独和不安，有的人甚至还会因此而生气、愤怒。

其实，在这个看不见摸不着的网络世界里，这些期待和失望都不过是我们自己的一厢情愿而已。如果过于依赖社交软件，我们就会在其中消耗大量的精力和时间。

也正是因为社交软件能够抚慰孤独的心灵，让人感到温暖，所以内心空虚的人就更容易沉迷其中。因此，在使用这类“情绪类”工具时，我们最好带着戒备心理，时刻提醒自己“真实世界并不一定如此”。

在现实生活中产生的孤独感还是要通过回归现实来解决。若是忽视了社交软件的使用目的和边界，我们的内心就很可能会因此受到伤害。

016. 沉迷于消费也缓解不了孤独感

孤独感也会让人变胖

你听说过“孤独会让人变胖”的说法吗？

有些人认为吃是消解烦闷最快的方法。因此，很多常常感觉“没人理解我”“我爱的人都不管我”“只有我被孤立了”的人会出现暴饮暴食现象。他们尤其喜欢有刺激性气味的食物，因为这些食物能够使大脑分泌出让食欲暴增的物质，从而让人欲罢不能。

除了激发食欲，孤独感还会引起酒精依赖、疯狂购物、频繁恋爱等症状。因为购物能使人心情愉悦，能消除一时的烦闷，所以人们容易沉迷于此。同样地，沉迷于不良嗜好和恋爱也有同样的效果。比起带来快感，这些刺激性的活动更大的作用是转移注意力，帮助人们短暂地逃离因孤独而产生的不快。

也有人认为“依赖症就是孤独症”。因为，越是孤独的人，越是能从上瘾中获得巨大的快感和安心感。那些被孤立的人、生活在压抑环境中的人、把问题憋在心里的人皆是如此。对他们而言，不继续这些上瘾行为就活不下去，所以他们很难走出这些困境。

然而，买一堆无用之物、沉迷于网络并不能使孤独变为快乐，我们反而会被一波又一波的孤独压得喘不过气来，然后又为填补内心的空虚而继续沉迷其中。其实，所谓“内心的空虚”只是我们自己妄想出来的东西罢了。

事实上，人在孤独中不仅能活下去，而且还能活得很幸福。

若是对所谓的“孤独感”充满排斥，我们的内心就会因此而受到伤害，生活也会变得不幸福。

不妨试着放松心态，去接受孤独。

不妨试着沉浸于爱好，以获得内心的满足。

不妨试着体会自身的不易，试着去解决困难。

所谓“幸福的孤独”，并非要把内心的空虚填满，而是要先静下心来，倾听自己的心声。下面，我们将讨论那些善于独处的人是如何整理情绪的。

孤独不是寂寞，更不是与他人疏离的不幸，它是一个人遵从内心的选择，是独处时的清醒，是认清世事终须一个人面对的洒脱豪情。

第 2 章

独处时，如何整理好情绪

看清孤独的真面目，和孤独做朋友吧

017. 孤独是刻在基因中的情绪

人之所以产生孤独感，是因为有所期待

任何人的灵魂深处都存在孤独感，一个人住会孤独，和恋人分手会孤独，职场上无人可聊也会孤独。我们每个人都会有感到孤独的时候。一位独居多年的朋友曾对我说："虽然早就习惯了一个人生活，也克服了许多艰难和挫折，但喜悦的时候没有人分享，还是会觉得很寂寞。或许是人本就愿同喜而不愿同悲吧。"

是的，人类的悲喜本不相通。那么，为什么一个人待着就会觉得孤独呢？

有一种说法认为，从古至今，人类总是生活在集体社会中，大家互相扶持着在恶劣的环境中生存了下来，于是人们便对"一个人"产生了深深的恐惧，将"孤独"的种子深埋于内心，孤独感由此而来。

“无法独自生活”的观念深深地印刻在我们的基因里，我们每时每刻都想与人相伴，同时也生怕自己与别人不一样，对同辈压力更是敏感至极。

其实，人之所以会感到孤独，就是因为有所期待。若是没有期待，孤独也就无从谈起。例如，如果不期待着在职场中找到聊得来的人，我们不去尝试深度沟通，也许就不会感到孤独了。说到底，这种寂寞会产生，正是因为曾经在公司或学校中体会过朋友在旁、相谈甚欢的满足感，所以现在依然抱着同样的期待，当希望落空，就化为了无人陪伴的孤独。归根结底，是因为我们仍留恋着与朋友畅谈的喜悦。

总而言之，孤独源自期望和现实的鸿沟，源自我们无论如何都想要有人陪伴、与人说话的期待。但急于摆脱孤独、融入人群只会让人陷入更深的孤独，因此我们大可不必为了改变现状而手忙脚乱。

不妨试着放松心态，接受现实。换个角度思考，我们就会发现“孤独也是没办法的事”“一个人也不错”，我们的内心也会更加宁静淡泊。

孤独有其苦，但其中亦有大道，它能让人不断成长。请别讨厌孤独，试着和孤独做朋友吧！

018. 明明有人陪伴，为何还是觉得孤单

孤独源自“不甘现状，总感觉缺点什么”的错觉

无论是孤身一人，还是有人陪伴，我们总是会感到孤独。“家人不懂我”“朋友不理解我”“爱人总是忽略我”……事实上，种种现象都表明，有人陪伴时的孤独才更痛苦，这种孤独感还有可能转化为愤怒和仇恨。

我的身边就有一个比较极端的例子。我的一位朋友曾和丈夫分居多年，因为他们在一起生活时也懒得说话，双方都无法忍受这种“面对面坐着还感到寂寞”的孤寂，平日里彼此总是怨声连连，甚至最后在打官司离婚时仍在互相指责。知此事后，我不禁感叹，最伤人的孤独莫过于视而不见了。

其实，只要与人共处，我们就会不由地产生期待，有了期待，孤独也就随之而来。想和对方好好相处，想被认可，

想被关心……当我们不断地将这些期待强加于他人时，孤独就会无穷无尽。

相反，当我们不再寄期望于他人，而是回归自身时，孤独就会如潮水般退去。

只要我们关注事实并换位思考，我们就会发现“原来别人会这么想”“也许是我期待太高了”“别人也有自己的事”，也就能更多地专注于自己在做的事上。

说到底，孤独就是一种“总感觉缺点什么”的错觉。所有的期望与失望皆为我们的主观臆断，因此没有必要把它看得那么重。

“闲聊片刻也是幸事。”

“共同欢笑实乃幸也。”

“聊聊自己也能十分投机。”

不妨试着去发现生活中的积极一面，与孤独友好相处，你就能体会到很多“小确幸”：今天有幸和别人聊了几句，很开心；难得能与大家一起笑笑，真幸福；能聊几句自己的事真是太好了。

其实，伤害我们的“真凶”并不是别人，正是自己的错觉和臆想，明白了这个道理，我们便能脱离孤独的泥沼。

总之，知足常乐，我们的内心充盈与否完全取决于自己。

世间千百种孤独，你的是哪一种

019. 给“深夜 emo”的你

夜晚的孤独总会消散于晨光之中

白天从不会感到寂寞，但每当夜晚来临时，内心便会猛然地被孤独感包围。你是否也曾有过这样的感觉？

这个“孤独的怪物”在白天常常无影无踪，夜晚十点后又会悄悄探头。

我有一位 30 多岁的男性友人，他的朋友很多，工作也很顺利，但每到晚上失眠的时候还是会有铺天盖地的孤独感。他总是说：“我既没有恋人也没有挚友，我真的是孤家寡人吗？我真的会孤独终老吗？”

在我看来，无须过于烦恼，因为夜晚的孤独总会消散于晨光之中。我们之所以在白天感受不到孤独，是因为我们白天一直忙于完成当下的任务，想着“准备上班，工作好多”，人脑和身体都在高速运转，完全没有工夫想孤独的事。到了夜晚，身心一放松下来，那些令人在意、忐忑不安的事就会涌上心头，我们就容易陷入“深夜抑郁”，变得消极。

很多人还会在晚上把烦恼和心事写下来，但早上拿起来一看又会因过度的夸张情绪而感到羞耻。事实上，当我们过于沉浸于自己的世界时，“脑洞”就会扩大至无边无际，从而让我们失去了原本的冷静，也无法客观地看待问题。

另外，当我们的视野变得狭隘时，“孤独的怪物”就很容易出现。

例如，在职场被孤立的时候，在学校被欺负的时候，在狭小的人际关系网里走投无路的时候，我们往往以为自己会永远无法逃脱，从而陷入无尽的忧虑之中。然而，放眼望去，这不过是漫漫人生路上的短短一瞬。此时的你只不过是上错了一辆车而已，只要转个弯，你就能发现你的视野之外还有更广阔的天地，“轻舟已过万重山”，你也就能逃离那些忧虑的情绪。

人不会孤独一世，所以无须为此而紧张。孤独的时候想哭的话，就请尽情哭吧。只是发泄过后要记得“孤独不过一时之苦”，然后整理好心情继续向前。

当我们向孤独敞开怀抱，“孤独的怪物”就能成为我们最好的伙伴，它能帮助我们成长，也能带给我们快乐和幸福。

020. 给没有同伴的你

有同伴并不是社会活动的通行证

“每次看到别人能和朋友一起开心地聚会，我都特别羡慕，我也想找个能一起开心玩耍的朋友，但怎么都遇不到。”我经常听到别人这么抱怨。

的确，朋友是我们坚实的后盾，能够和朋友说说话或者聚一聚是一件很快乐的事。同时，朋友也是一个团体，我们作为这个团体中的一员，能够获得自信心和归属感。

然而，没有同伴也并不会如何。

某次我去东京参加写作大赛，赛后为了放松心情，我独自去了附近的公园赏花。那是一处赏花胜地，树下挤满了人，大家一早就占了位置，享受着花下盛宴。有和同事一起的，有和朋友一起的，还有和家人一起的，大家相聚在一起谈天说地。

左顾右盼时，我突然意识到，独自来赏花的人好像只有我自己，我不属于这里的任何一个公司、家庭或团体，真可谓孤身一人。然而此时，涌上我心头的并不是孤独感，而是如释重负的轻松。

不用跑腿买饮料，不用占位置，也不用考虑别人，想几时回就几时回，还能尽情地欣赏灿烂的樱花，这样的“一人旅行”难道不幸福吗？想到这里，我的心中充满喜悦，而且是真心的喜悦，并非逞强。

可见，没有同伴照样也能参与社会活动。因此，我们没有必要勉强自己去刻意交友，一个人也可以享受美好时光。

哪怕是被迫的一个人，只要我们能发现孤身一人独有的快乐与喜悦，消极的孤独就能变成积极的孤独。只要我们跟随内心，真实地做自己，说不定就能结交到真正意气相投的朋友。

我偶尔也会和朋友或同事们结伴赏花，也十分享受和他们在一起的时光。其实，想结伴同行的时候就结伴同行，想一人的时候就一个人，这都是可以自主选择的事情。当你做好了一个人的准备后，就会发现，无论孤身一人还是与友相伴都会其乐无穷。

021. 给觉得自己被抛弃的你

不必活在他人的评价中

我们很多人都有过被抛弃的感觉。譬如，找工作时，总觉得身边的人皆手握“offer”，自己却无人问津；进入公司后，总觉得新员工中只有自己没有拿得出手的本领。我的一位家庭主妇友人也常常哀叹，觉得自己已经和社会失去了联系，仿佛被社会抛弃了一样。

我在 30 岁左右的时候也总有被抛弃的感觉。

当时，我的同学们要么结婚生子，要么就是在为事业奔波，好像只有我一事无成，并因此而整天惴惴不安。

那种感觉就好像他们已经搭着船远去，却把我留在了岸上。我不禁开始怀疑“为什么只有我这样？是我哪里做错了吗？”那种茫然不安、心里没底的感觉，我至今仍记忆犹新。

事到如今，我早已明白，那艘船其实根本不存在。那种被人抛弃的感觉也不过是一种错觉。因为，我们每个人都是不一样的个体，都在按照自己的节奏走在不同的人生道路上。

我们之所以会有被抛弃的感觉，一方面是因为我们缺乏自信，也没有目标或具体想做的事，另一方面也是因为从孩童时起，我们就习惯了与人比较，习惯了活在他人的评价中。

渐渐地，我学会了对抗这种错觉。每当孤独感袭来，感觉自己被抛弃的时候，我就提醒自己“别人是别人，我是我。我有我自己行走的速度和做事的节奏”。如此一来，我的心态逐渐发生了变化。我开始不那么在乎他人的想法，而是更多地关注自己想怎么做，并不断地挑战自己。

其实，当我们产生被抛弃的感觉时，就是在以别人为基准来衡量自己，这种时候我们看到的自然就是自己的缺陷。让我们夸夸坚持至今的自己吧！让我们回归自身，看向自己拥有的东西，发现更多的可能！此时，你就会发现自己还有很多能做的事。

022. 给不善交际的你

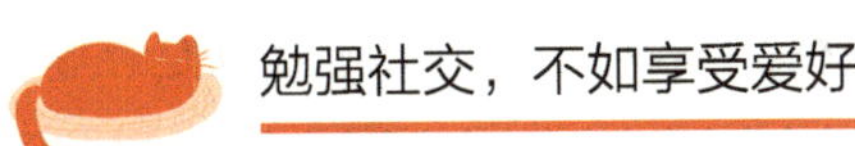

日语中有两个用来形容人的性格倾向的词，分别为“阴角”（日文为“陰キャ”）和“阳角”（日文为“陽キャ”）。其中，阴角指性格阴沉、不善交际的人；阳角指性格开朗、善于交际的人。如今，阴角被赋予了许多负面色彩，如内向、阴暗、老土、朋友少等。在大多数人眼里，“阴角”就等同于孤独、寂寞，是一种需要加以改正的性格。

许多自认“阴角”的人意识到自己不善交际后就拼命提高社交能力，结果搞得自己压力倍增。

不可否认的是，“阳角”的确魅力十足，他们不仅善于交友，还能与友同乐。在他人眼中，他们开朗、受欢迎、受人尊敬，是十分优秀的人。

但是，“阴角”也并不意味着内向或需要改正性格。内向和外向也从无优劣之分。

“阴角”表面上特立独行、不善交际，实际上也是在享受一个人的时间。如果能醉心于自己的爱好，那么一个人待着也是幸福之事，又怎会孤独呢？

醉心于自己的爱好的“阴角”并不少见。他们似乎有着用之不竭的精力，而且不管别人怎么说，他们总能专注于自己的爱好。我的朋友中就有许多这样的人，他们或痴迷于阅读，或痴迷于摔跤、历史，或痴迷于音乐等。

平日里，他们也会在社交软件上与同好联系，并交换信息，也会回应自己的粉丝，就这样，在不知不觉中就产生了人际往来。

因此，与其拼命提高自己的社交能力，用话术结交朋友，“阴角”不如坦诚些，尽情去享受自己的爱好，这样不仅能获得幸福感，还有可能收获意气相投的伙伴。

当然，密友不是随随便便就能找到的。不过，正因为“阴角”不善交际，所以他们更容易找到双方都能自在相处的模式，从而毫无负担地维持友谊。

023. 给觉得没有依靠的你

提高孤独力，先成为自己的靠山

很多人都会因为没有依靠而感到孤独。

“工作中遇到困难也没人能商量”“因为是单亲家庭，所以没人能帮忙带孩子”“一个人生活，生病了也没人照顾”“烦恼时也没人能倾诉”“没有家人，担心老了以后没人照顾”……

我们很多人都会有上述担忧。对此，大部分人给出的答案不外乎“多结交一些朋友以防万一”“只能不断拜托他人了”。

有依靠确实会让人安心，这一点不可否认。但如果盲目地依靠他人，反而容易变得更加孤独。因为，期望越大，失望也就越大。

要知道，我们有自己帮助自己的能力。很多习惯依靠他人的人，在突然没有依靠的时候就会孤独、寂寞、不安甚至否定自己，从而引发种种负面情绪。其实，很多时候我们都可以靠自己，到了真需要帮助的时候，再去求助他人即可。要懂得“能解决的靠自己，不能解决的托他人”。

我的恩师就是这样的人。当年，她一个人带着孩子来日本留学。因为还要上学，所以只能拜托别人来照顾孩子，但又因为在日本没有熟人，她便去日本公民馆的告示板上张贴了“招聘保姆”的告示，没想到招募到了一位特别合适的阿姨，而且一照顾就是好几年，帮了她特别大的忙。可见，当我们一心想着要做成某事的时候，不会因没有依靠而感到孤独。

我在一边写书一边独自经营公司的时候，也时常觉得很辛苦，但几乎不会感到孤独，甚至还觉得充实自在、幸福快乐。遇到困难时，与其请教别人、寻求帮助、倾诉难处，我更愿意用自己的智慧和本事来解决问题。即便没有特定的人可以商量，也能像问路一样，去请教那些对特定领域比较了解的人。

当我们总是靠自己来解决问题时，我们就会不断积累经验，从而掌握一种“孤独力”。这种孤独力是推动我们生命不断向前进的力量。因此，为了守护我们的身心，请先成为自己的靠山吧！

024. 给有人陪伴却依然感到孤独的你

无法互相理解才是人际关系的常态

曾有一对觉得彼此互相无法理解的母女来找我咨询。

女儿向我哭诉："母亲不认同我的生活方式，她怎么就不理解我也在努力呢？"母亲也情绪激动："正因为我了解她才会反对她，她怎么就不理解我的一片苦心呢？"

从女儿出生起，母亲就与女儿形影不离，陪她哭、陪她笑，对女儿的性格、喜好、长处、短处更是了如指掌。正因如此，当被女儿说"你不理解我"时，母亲才会倍感伤心，于是心底的孤独感便化为愤怒直冲着女儿而去。

而女儿又会觉得母亲无法完全接受自己，也会黯然神伤。

其实，别人无法理解自己的原因多半不在对方，而在自己。很多时候我们一味地期望对方的想法能向自己靠拢，想着“爸妈总有一天会理解我”“孩子应该能明白我们的苦心”，但往往事与愿违。

因此，别总是对别人抱有期待，也无须一一回应别人的期待。

事实上，无论两个人的关系多么亲密，也不可能百分百地理解对方的想法。

因为，无法互相理解才是人际关系的常态。若我们能意识到这一点，就能卸下重担，用轻松的心态接受这一现实。

诸如“上司不理解我的工作有多累”“丈夫不理解我多么孤独”“明明不说也应该懂，却非要等我开口”等，这些牢骚乍一看是对方的责任，但实际都源于自己的任性。

如果我们不把自己的真实想法告诉别人，对方又怎么会理解呢？

正因为彼此无法互相理解，我们才需要换位思考，需要绞尽脑汁地让对方理解自己。也正因为理解之难，我们才会因达成一点点共识而感到喜悦。

懂得无法互相理解才是人际关系的常态时，我们反而能更好地理解对方。

025. 给害怕孤独终老的你

如果说结婚是为了幸福，那么不随便结婚也是

大约 30 年前，日本社会中有一个词很流行，叫作“不结婚综合征”。在 30 年前的日本社会，大部分的女性都会在结婚后选择辞职，但仍有一些人因为想在职场中大展身手而选择不结婚。如今的日本社会中已经出现了越来越多的单身贵族，很多人主动选择不恋爱、不结婚。

这些热爱独处的人深知独处之乐，他们达观处世，同时规划着属于自己的人生道路，尽情地享受着工作和生活。

在当今社会，人们是能够自由地选择生活方式的，但即便如此，仍有不少人会担心自己因为没有爱人而寂寞、会孤独终老，并因此而焦虑。

那么，享受独处之人和害怕独处之人究竟有什么不同呢？

第一个不同在于他们是否满足于现状。享受独处之人能发现当下的乐趣所在，会大大方方地享受周末，从工作和闲暇中找到满足感。害怕独处之人则会陷入纠结，会认为没有亲朋好友就没有幸福，觉得一个人活不下去。他们往往会忽视身边的幸福，内心也十分空虚，从而表现得不自信、不安，并对生活充满怨气。

第二个不同在于他们是否专注于自己的爱好。享受独处之人能把所有时间和精力都花在所爱之事上，而害怕独处之人则常常迎合大众，甚至不知道自己真正喜欢什么。

如果你想谈恋爱、组建家庭的话，为之努力就好，但切记不要以为只有拥有家庭和恋人才能获得幸福。要知道，人际关系有很多种，在各种各样的情感羁绊中都潜藏着爱与温柔。不如试着放松心态、接受现状，去发现自己身边的幸福吧！

026. 给感到不被需要的你

给“空巢综合征”人群的两个建议

“孩子长大后，我一下子没了动力，感觉自己已经不再被需要了。”许多五六十岁的女性都会有这种孤独感。我的一位女性朋友就陷入了类似的困境。她一辈子为家庭劳心费力，女儿长大独立后劝她要为自己而活，但她并不知自己想做什么，反而觉得自己像被女儿抛弃了一样，变得更加消沉。这类父母其实就是有了“空巢综合征”。

“空巢综合征”是指孩子长大离家后，剩下父母独守“空巢”，从而导致父母产生被分离、舍弃的感觉。越对孩子上心的父母，越容易出现这种症状。

不仅是中老年人，现在有不少年轻人也会有类似的问题。他们常常哀叹自己一无是处、不被需要，尽管他们大多都生活美满，且不需要为时间、金钱而发愁，但也因此失去了寻找人生目标的动力，感到无比空虚。

其实，拥有大量的时间和金钱也不一定就能幸福，反而在偶尔迷茫、偶尔开心的追梦路上，才更容易感知到幸福。

对于有“空巢综合征”的人，我有两个建议。

首先，若是这种情况还处于早期，我们就可以慢慢摸索属于自己的道路，若已陷入孤独中，则需立刻行动起来。因为虚度光阴、原地踏步只会让自己愈发消极、怠惰。

试着想想，若人生只剩下一年，你会想做什么事呢？不妨试着把自己感兴趣的事情全部列出来，然后一件一件地去执行。当我们行动起来后，我们就会想再进一步、再挑战一下。

其次，可以试着“多管闲事”。例如，我们可以做点果酱和大家分享，或陪老年人买东西，或在公园里种种花草，或帮忙接小孩子上下学，等等。这些事也正是我的朋友们正在做的事，他们觉得能够帮助别人非常高兴。我的另一位朋友因常年一个人而饱受孤独之苦，但自从加入了自然灾害志愿者组织后，他反而解救了自己，整个人开朗了许多。

其实，如果能把帮助别人当作人生价值的话，会是一件非常幸福的事。只要行动起来，我们就无暇思考孤独了。

027. 给无法忍受老年孤独的你

无论多少岁，都要对自己充满期待

一提到“变老”，人们常常会将它和很多负面情绪联系起来，如寂寞、孤独、不安、失望等。每次去养老院探望母亲，看到她的身体、记忆力一天不如一天，我就心如刀绞。

母亲却常常大笑着说：“都快 90 岁的人了，活着就是赚了，比我们老一辈的人老早就去世了。”听到这话，我又豁然开朗，大笑起来。

比起年轻的时候，现在母亲的身体确实不如从前了，也有可能会随时离开。但转念一想，此时此刻母亲还在我身边，便已是上天对我最大的恩赐了。这么一想，我也就没那么孤独了。说到底，无论母亲现在的身体状况如何，最重要的是我应该珍惜与母亲在一起的每分每秒。

很多五六十岁左右的人都会对老年生活有这样或那样的担忧，如，担心自己老了以后钱不够花，害怕生病了没人照顾，觉得一个人最后会孤独地死去。

其实，与其把时间浪费在担忧上，还不如好好地享受当下。因为人生没有彩排，我们的每时每刻都是“现场直播”，而且每个阶段有每个阶段的快乐，所以我们要尽情享受其中。

人生是一个人的旅途，当我们走到终点时，我们就会对一路上的所听、所看、所感有更深的体会，也更能感受到孤独的乐趣。随着年龄的增长，我们一边感受着身心的变化，一边想象着“到那天会看到怎样的风景”，也别有一番乐趣。

日本著名画家堀文子一生都从未停下过脚步。49 岁时，她从东京搬到了被森林环绕的神奈川；70 岁时，恰逢日本泡沫经济，她又因形势混乱而搬至意大利；到了 81 岁时，为了寻找盛开于喜马拉雅山上的花儿，她又重新踏上了旅途；83 岁时，她因为一场大病而无法再出远门，但她仍在不停寻找着那些能打动自己的事物，并开始绘制显微镜下神秘的微生物。

晚年的堀文子还常常说：“之后我又会热衷于什么呢？什么会让我再次惊叹呢？那些在我心中还没发出芽来的爱好到底还有什么呢？真想都体验一番。”可见，无论多少岁，我们都要对自己充满期待。

那些尽情享受过的当下时光，也许会成为我们日后回望过去时最美的风景。

028. 不害怕独处的人有三种“免疫力”

让身体产生“抗体”，抵挡精神层面的孤独

所谓孤独感，是指无论有没有陪伴，内心都觉得自己是“一个人”。这是精神层面的心理状态，与物理上是否一个人无关。对于这种感觉，有的人会极度悲观，觉得完全无法忍受，有的人则能轻易接受，觉得没什么大不了。

相较之下，后者一般不会感到孤独，就算偶尔有孤独感，也不会对自己的生活造成多大影响。也就是说，他们对这种“心灵感冒”具有很强的免疫力。

那么，如何才能拥有这种免疫力呢？其实，能够忍受孤独的人都有三个特质，这也是他们所具备的免疫力。

第一个特质是“坦率”，对外界评价具备免疫力。能够忍受孤独的人会跟随自己的感觉走，他们会勇敢承认自己喜欢什么、想要什么、不想要什么。他们懂得“人生而不同”，所以即便自己异于常人，他们也毫不在意，因而几乎不会觉得孤独。相反，如果一味地压抑自己、迎合他人，我们就容易对他人抱有不切实际的期待，想让对方也为我们多做些什么，这样反而会让我们陷入更深的孤独。

第二个特质是有“好奇心”，对寂寞无趣具备免疫力。当我们热衷于探求感兴趣的事物，每天都充满好奇心，想知道些什么、看些什么、尝试些什么，我们也就无暇顾及孤独。好奇心旺盛的人能够快速地调整心情，即使今天感觉有些许寂寞，第二天就能找到感兴趣的事。相反，缺乏好奇心的人只会被动接受，等着好玩的事找上门，所以经常会感到内心空虚。

第三个特质是“乐观”，对负面情绪具备免疫力。乐观的人会看到生活中的积极一面，他们很少会烦恼，对意料之外的事也能一笑而过，预期落空也不放在心上。悲观的人则总是纠结于厌恶的人或事，因此陷入更深的空虚和孤独。

当我们拥有了这三种特质，身体就产生了“抗体”，它不仅能帮助我们远离精神层面的孤独的漩涡，还能让我们逐渐拥有幸福的能力。

029. 人生没有标准答案，一个人就一个人

别被家庭美满、高朋满座的想象框住

“我的朋友们都结婚了，没人能陪陪我，也没人帮我庆祝生日。每次想到这些，我就很伤心，我的人生到底哪里出错了呢？”

这是一位 40 岁女性向我倾诉的烦恼，其中的孤独感令人感同身受。

“你的人生没有错。”我回复道。

事实也确实如此。人生本就无对错，它没有一个标准答案。

其实，很多人的孤独都是源自对幸福人生的想象，以为家庭美满、高朋满座就会幸福。“结婚就会幸福”“有朋友就会快乐”……很多人都被这些陈旧观念影响着，并信以为真，然后不断否定一个人生活的自己，从而陷入无尽的消耗中。

在大多数人看来，孤独就是坏事，会让人寂寞。然而，人生来就是孤独的。

能够享受孤独也是一个人成熟的标志。能够接受“我就是我”，不寄期望于他人，傲然独立于人世间，这是一件令人敬佩无比的事情。

事实上，有人陪伴也不一定就不会孤独。“和伴侣无话可说”“两人的休假总是对不上”“总是被对方忽略”，等等。产生这些所谓的孤独感也是因为我们被想象中的美满生活所束缚了。

我们越是期望，被现实“打脸”时就越容易失望。当我们用积极的心态去看待现实时，反而有可能建立起更和谐的伴侣关系，那时我们可能就会发现“两个人都是按照自己喜欢的方式在生活，也不错”“虽然没太多的交流，但也没什么争执的问题”。

因此，不妨试着抛开对孤独的刻板印象，重新思考理想中的自己，也许还会激发出与之前完全不同的可能性，发现不一样的自己。

一位 50 岁的日本女演员在接受采访时曾说：“我每年的生日都会自己一个人过。”仔细想想，我不禁感叹这样的孤独体验也很帅气。因此，尝试一下这种帅气的孤独也未尝不可，说不定我们就会发现自己更多的可能性。

030. 独处和群居都是人类的本能

既能享受独处，又能乐于陪伴

想要有人陪伴是人类的本能，想要独处同样也是人类的本能。

无论多么要好的朋友、多么亲爱的家人，如果每时每刻都待在一起，大家难免就会疲惫，所以有时想要一个人静一静也是人之常情。

只要和他人待在一起，我们就需要多少顾及他人，但独处时，我们的身心就会完全放松下来。事实上，只要我们身处社会，就不可能感受到绝对的孤独，因为我们每个人都在“与他人为伴”和“独处”中反反复复。

因此，保持两者的平衡极为重要。那些忙于照顾老人、孩子的人，偶尔也想一个人喝杯下午茶，那些因特殊情况而在家办公的人，有时也想和别人说说话。

想独处时就独处，想有人陪伴时就与他人待在一起，就这样按照自己的意愿去平衡独处和与他人为伴的时间，未尝不是一种幸福。

若是总觉得必须随大流，或认为独处很丢人，从而勉强自己，久而久之我们的身心就会出现问题。例如，在职场上，因为不想被人指指点点，从而违背自己的内心去和同事吃饭，久而久之，我们就会身心俱疲。

曾经也有人说我孤傲，当时我特别惊讶于这个评价。不过后来仔细想想，我给旁人的印象似乎确实如此，我不属于任何一个团体，而且总是沉浸在自己的世界里，活得过于自在，所以才会被人评价为“孤傲”。

但是，在此过程中，我也得到了很多人的照顾和帮助，偶尔也想同他人一起工作、一起游玩，所以我也绝非就想“孤军奋战”，我也会享受温暖的陪伴。

以前，我希望自己既能享受独处，又能乐于陪伴，但现在随着年龄的增加，独处的时间反而越来越多，也许是年纪越大反而越任性、越自在了吧。

不过，谁也不知前路如何，也许哪天我也会找个人相伴余生。

适当地独处，适当地与人为伴，恰到好处地掌握好两者之间的平衡，剩下的事就交给时间吧。

031. 习得性孤独与情绪闪回

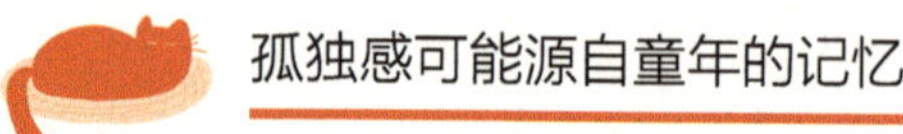

从前的我总是想在工作和爱情中做一个老好人，结果不仅把自己搞得精疲力尽，还失去了自我，并且不停地陷入这种恶性循环。

工作中总是照顾别人的感受是因为性格使然，不想与恋人分开是因为深爱着对方。当我把自己的这些想法告诉做心理咨询师的朋友后，对方却反问道："你小时候是不是很孤独？"

于是，我突然想起了小时候的自己。那时因为父母是双职工，所以家里经常只有我一个人。在漆黑一片的公园里，一个小小的身影一边抽泣一边堆沙子的场景又一次浮现在我的眼前。

那一瞬间，孤独的回忆涌上心头，我的心抽痛无比，不禁泪如雨下，大哭了起来。

朋友温柔地安抚着我，好像在同幼时的我耳语一般："深呼吸，放松一点，孤独的感觉很不好受吧，现在已经没事了，你长大之后也过得很好，你已经拥有让自己幸福的能力了。"

此后，每当感觉到孤独的时候，我就会想起她说的这句话，并提醒自己，其实我拥有了很多的爱，孤独只是我的胡思乱想罢了。我也会常常告诉自己，做自己就好，不用当老好人，不用担心被别人抛弃……不知不觉中，我变得能优先考虑自己的感受，而不是一味迁就别人了，因此也就不再会身心疲惫了。

其实，习惯孤独的过程和小孩子上幼儿园的过程一样。我们在第一次去幼儿园的时候，都会吵着闹着不要和爸爸妈妈分开，害怕一个人，但渐渐习惯之后，我们就会发现原来爸爸妈妈不在身边也没有问题，也可以很开心，于是我们学会了在分别时主动说"拜拜"，然后转身飞奔进幼儿园。

也许很多人的心里至今还留有童年的阴影，所以如果你总是不敢说出自己的真实想法，或是在被上司指责后就会伤心很久，或是和亲朋好友分开就孤独得受不了，那么很有可能是小时候的孤独感还留在你的内心深处。那么，请做一个大大的深呼吸，然后温柔地对自己说“没关系”。因为，我们已经拥有了让自己幸福的能力。

落单了，如何缓解孤独之苦

032. 面对孤独 Tip 1：弄清楚自己为何孤独

趁孤独时倾听自己的心声

我们每个人都会有孤独的时刻。一个人的夜晚会感到孤独，工作上不被认同会感到孤独，无法与家人心意相通也会感到孤独……在这些孤独的时刻，你会如何度过呢？

也许你会借酒消愁，或是去购物、去吃大餐，又或是向他人抱怨，想一吐为快。

然而，逃避孤独解决不了问题，我们更应该静心思考自己为何会感到孤独。当然，若孤独已经到了完全无法忍受的程度则另当别论。

事实上，独处是一个与自己对话的好机会。就像与另一个自己谈心一般，我们可以去了解隐藏在孤独背后的真实想法，并从客观的角度看待自身，从而加深对自己的了解，这样反而有可能找到通往幸福的路径。

其实，人之所以会感到孤独，就是因为理想与现实之间存在差距。当我们问自己“为何会感到孤独”时，一连串的问题就会在脑海中浮现：“我想变成什么样”“我现在还需要什么”“我真的需要吗”“我现在拥有什么”“我现在能做什么”，等等。

随着这些问题而来的可能会是这些回答：“想和别人说说话”“偶尔也想吐吐苦水”“好像也不用在意别人的看法”，等等。

当我们与孤独的自己对话时，不管想到什么，我们都可以记录下来，哪怕杂乱无章也没关系。

不过，需要注意的是，一定不要责怪自己和他人，也不要想着必须解决问题。因为如果一心想着解决问题，思绪就会更加混乱，反而徒增压力。

要学会安慰自己，鼓励自己做得不错，倾听自己的心声，这样才能拨开层层迷雾，了解自己真正的想法。

因此，不要逃避孤独，试着从客观的角度看待自己，当我们了解自己为何孤独后，孤独的感觉反而会缓解很多。

033. 面对孤独 Tip 2：享受一个人的乐趣

孤独者的特权就是能以自己喜欢的方式做事情

“即便找到了孤独的原因也无济于事”“失恋了之后心里空空的”……当我们如这般感到空虚时，平常感受不到的负面情绪就会接二连三地袭来。若我们对这些情绪放任不管，那么后悔、否定自己的情绪就会越来越重，甚至会对我们自身造成伤害。

因此，不妨试着和孤独做个朋友，去做些喜欢的事情来治愈自己。

例如，我们可以锻炼身体，可以与大自然亲密接触，可以制定目标去学习，可以挑战做新式料理，也可以悠闲地泡个澡、好好睡一觉，还可以给房间改头换面，也可以一个人去旅行、去散步，等等。这些事情我们都可以去尝试。

其实，我个人比较推荐与娱乐相关的活动，如旁若无人地听音乐、看电影、读书之类。

在看电影和电视剧时，我们可以考虑与孤独相关的题材，因为与欢快的题材相比，这种题材更能让人静下心来。我有一次觉得特别孤独，于是打开了一部讲述与逝去之人重逢的电影，观影过程中我哭得稀里哗啦。但不知为何，哭过之后，心中的负面情绪一扫而空，整个人反而轻松了很多，或许是内心的痛苦被电影疗愈了吧。

此外，读书也是排解孤独的好方法。我们可以根据当下的心情来翻阅适合的小说、短文、写真集等，也可以仔细地品读。

当我们沉浸于书中，就是在和作者对话，我们不仅能发现新的视角、新的想法，还会意识到自己的孤独也不过如此，明天又是崭新的一天。

孤独者的特权就是能以自己喜欢的方式做事情。感受独处的喜悦，认真地活在当下，我们就能逐渐习惯与孤独相处。

034. 面对孤独 Tip 3：找个倾听者

偶尔也想找人吐吐苦水

我的一位朋友因为需要照顾父母而无奈选择了辞职回家。她曾向我诉苦道："我也不想说丧气话，但有时还是会突然感到很孤单。"

我说："我们离得太远了，我也帮不上什么忙，但可以听你说话。"

结果，朋友也只是抱怨了片刻，之后就一直在同我闲聊，但结束之后，她还是高兴地说："说出来感觉轻松了些，我会继续努力的。"可见，当我们撑不住的时候，只要有人能听我们说说话，我们就能重新振作起来。

还有一次是在公园里，一位陌生的老爷爷向我搭话。他好像很想和别人说说话，于是向我讲起了他几年前去世的妻子。“偶尔也会感到很孤单，有时候也想过要不就随她去了吧。不过和你说说话，感觉又活过来了。”老人说罢开玩笑似地笑了起来，我却笑不出来。

如今我还会偶尔想起这位爷爷，每次想到都在心里默默祈祷他健康平安。

突如其来的孤独确实会让人心情一下子沉重起来。为了做好自己的事情，我们需要忍受孤独，但即便如此，偶尔也会想要得到安慰和激励。

因此，只要有人能听自己说说话，哪怕给不出什么建议，都是一种慰藉，这会让我们感觉到被认可和接受。

当然，如果实在找不到可以说话的人，我们也可以用一些现代的交流手段（如社交软件），毕竟有些话可能只有对陌生人才说得出口。不过，在使用社交软件时，我们要时刻警惕可能会遇到表面温和、实则狡诈的有心之人，千万不要被有心之人利用。

在现代社会中，人与人之间虽关系淡薄，但若身边有人陷入孤独，不妨前去搭个话，和他们聊聊天吧。在自己感到孤独的时候也可以大胆表达自己的寂寞、孤独和疲惫。无须忍耐，也无须羞耻、犹豫，大胆地与人交往吧！

035. 面对孤独 Tip 4：学会转移注意力

时间会治愈一切，包括孤独本身

大多数人面对父母或伴侣的离世，都很难快速走出来，总是会时不时地想起对方，心中充满了失去的孤独感。无论是什么样的关系，一旦失去了联结，人的内心就会感觉缺失了一部分。

此时，我们可以放肆地大哭一场，也可以沉溺于回忆之中。其实，我们之所以会感到悲伤，是因为对方曾经给予了我们重要的东西，所以，比起“失去”，我们更应该关注“被给予”，这样就能缓解失去带来的孤独和痛苦，取而代之的是对拥有的感恩。

时间是最好的良药。几年之后，这种孤独和痛苦会淡化很多，我们也会回归正常生活，我们不仅会习惯对方不在身边，还会认识新的朋友。

这样看似冷漠无情，但其实任何人都理应如此。若是每天哭哭啼啼，沉溺于过去的回忆中，岂不是辜负了当下的时光。

这几年，我有好几个朋友都失去了丈夫。刚开始，她们也无法接受现实，总是沉溺于孤独和悲伤，随着时间的流逝，她们逐渐能够接受这一现实，并开始积极地生活。其中几个朋友还重新装修和改造了房子。

其中一位朋友还开心地和我分享："打造了一个理想中的家，自此我将开启我的快乐独居生活。现在家里不仅有健身房，还有可供邻居来做客的烧烤区域。"

可见，即使失去了重要之人，只要积极面对生活，让自己焕然一新，逝去的悲伤也能变为美好的回忆。另一位朋友说："丈夫还在的时候，偶尔会嫌弃他，但如今想想，他也有很多好的地方，现在感觉他还陪在我身边一样。"

那些对自己充满信心、一个人也能独立生活的人，即便失去了重要的人，也不会孤独到无法振作起来；相反，那些在生活上、精神上总是依赖他人的人，一旦失去了什么，就会感到极大的孤独和不安。

一般而言，伴侣去世后，女性能很快振作起来，很多男性却会一蹶不振。越是表面坚强、内心渴望依赖的人，越是无法面对失去。

当重要的人离我们而去时，我们要感谢对方，积极地面对生活，过好自己的生活。

要相信，时间会疗愈一切，包括孤独本身。

036. 面对孤独 Tip 5：只要意识到有联结，就不会孤独

爱虽无形，但一直温暖着我们

现在的我已经很少会感到孤独了。但这并非是因为我更加坚强了，也不是因为我不寄期望于他人了。

我想，很大一部分原因是，我意识到即便孤身一人，也并非就真的是孤家寡人这个道理了。也就是说，即便我们孤身一人，在我们的周围依然存在着许多无形的关系网，它们支持着我们，在有需要的时候，我们也能第一时间找到它们。

其实，我们的成长和一棵树的成长历程是一样的。树木从表面上看是独立生长的，实际上是由太阳、水、动植物等所有的物质相互联系、共同创造培育出来的。不仅如此，树

木还必须经历寒冷、狂风、天敌的洗礼，不断坚强地成长。

仍记得小时候，和家人一起去祭拜先祖时，父亲常常会自言自语道："哪怕只缺少了一位祖先，都不会有今天的。祖先们拼搏一生，血脉代代相传，才能有如今的我，我的生命并不是只属于我，我必须挺直腰板活下去。"

每当我回想起父亲的这些话，我就感觉有一股温暖的力量在默默守护着我，心里也会变得很踏实。

一位我特别尊敬的前辈曾说："如今我们能在电灯下读书，能生活在和平的世界上，都是因为前辈为我们创造了优渥的条件。如果我也能在逝去之前为世界做出一点贡献，那将会多么幸福啊。"

我们现在的美好生活，是由过去和现在的人共同创造并不断完善的。

当我们觉得孤独的时候，不妨试着想想自己是否也能帮助他人，是否也能为他人带去笑容，或许就不会感到孤独了。

当我们对前辈们和周围的人抱有感恩的心，并试着做一些力所能及的事情的时候，我们就会逐渐习惯独处，也能够意识到自己虽孤身一人，却非孤家寡人，因为我们与整个世界有着坚实的联结。

第3章

从孤独中获得能量，是一种了不起的才能

向孤独敞开怀抱，它便能为你所用

一个人的快乐，你不懂

037. 更容易找到自己的爱好

不要向他人寻求，答案永远在自己身上

在许多人看来，孤独是很凄惨、寂寞的境地，人们常常对其敬而远之。殊不知，孤独才能带来幸福。换言之，无论是独处，还是与人相伴，若想获得真正的幸福，我们就必须先学会与自己相处。

本章会向大家介绍那些会享受独处时光的人能够拥有的“礼物”。

其中，最重要的礼物便是自由。能够享受孤独的人大都是自由的人，他们懂得“别人是别人，我是我”，能够坦率地面对自己，知道自己想要什么、想做什么，并付诸行动。

因而，他们很容易就会找到自己的爱好和乐趣。

相反，害怕孤独的人只有与人结伴、统一步调时才会心安，因此，他们总是向他人寻求答案。无论工作、娱乐还是生活方式，他们都更愿意采纳别人的意见，而非倾听自己的想法。于是，比起让自己高兴，他们会选择做所谓正确的事；比起做感兴趣的事，他们更愿意做些轻松的、成功率高的事。

若拿旅游来打比方，不害怕孤独的人就是一人游，害怕孤独的人更像跟团旅行。一人游虽然麻烦，但很多事都能由自己决定，如果你想探访古建筑，当即就可以去，也不用顾忌他人的想法。相比之下，跟团旅行虽然轻松，但安排目的地时就要考虑他人，即便我们不想去特产商店，也不得不跟着团队走，以顾全大局。

史力奇是我特别欣赏的一位孤独旅行者，他是芬兰作家托芙·扬松的小说《姆明谷的疯狂夏日》里的一个人物。他是热爱独处和自由的旅人，他讨厌被束缚，因而随心所欲地漂泊于人世间。他的一句名言至今仍令我印象深刻，那就是“最重要的是要明白自己想做什么”。

知道自己要什么，这就是我们人生的路标。这个答案也在我们自己身上。能够与孤独相处的人会不停追寻着自己的热爱，并享受着这个过程。

038. 懂得要活在当下

专注于当下，便能达到“无我”的境界

享受孤独的人能够拥有的第二个礼物是“活在当下”。

有些人特别乐于参加聚会，喜欢被人称赞，他们会为了融入群体而手忙脚乱，会更关注人群中的自己，因此，他们的脑海中总是杂音纷扰。哪怕独处时，他们也会浪费大量时间思考过去发生的事情，纠结于“为什么他说话这么难听”“我这个人很没用吗”等无聊的问题。

原是为逃避孤独而结交朋友，如今却宠辱若惊，反而变得更加孤独。总是想东想西，自然会手足无措。

享受孤独的人虽也知与人相伴之乐，但因为他们常常是一个人，所以也不会随意同人结交。他们会珍惜不被旁人打扰的每一分每一秒，能够心平气和地享受当下的生活。

如今，随处可见独自去野营、去唱卡拉OK、去烤肉的人，也许是因为大家都已经疲于与人交往了吧。毕竟独处时，我们不仅完全无须顾及旁人，还能放松自己，专注于眼前的事。如此，我们便能理解那些喜欢孤独的人，他们的热爱从何而来。

其实，只要留心，我们在工作和日常生活中也能感受到“活在当下”的魅力。

我的书房里挂着一块牌匾，上面是俳句诗人种田山头火的著名俳句：“潇潇雨之声，今日亦独行。”我常以此来提醒自己，莫让杂音乱耳，不去想过去和未来，也不多想他人之事，只平静地专注于当下，就像聆听潺潺流水一般，沉浸地感受其中的乐趣与喜悦、感动与关怀。

生活在现代社会中的我们总是忙忙碌碌，总会习惯性地将视线投向未来。其实，不妨把关注点放在当下，认真对待每一天、每一个瞬间，工作时专注于工作，烹饪时就享受烹饪，如此一来，幸福便会悄悄来敲门。

039. 找到自己的主体性

改变被动心态，将压力转化为动力

我还在时装行业的时候，曾担任过一家服装店的店长一职。当时，面对上司的重压和下属的顶撞，夹在中间的我常常感到疲惫不堪，甚至几近崩溃。不仅如此，当时的工作环境也堪称恶劣，我曾连续几天都工作至深夜。与我同期入社的店长都因身心俱疲而纷纷辞职。没有决定权却责任重大，这种“中层管理人员的孤独”常常让我无法忍受。

面对着巨大的压力，我告诉自己“再辛苦也要忍耐”，但这种心态本质上是一种被动心态，是身不由己的无奈之举，所以我的压力反而更大了。

在持续的过度操劳即将把我压倒时，我实在没办法了，心一横告诉自己“不喜欢随时都可以走人”，谁知我的心态立刻改变了，我转念一想："那可不行，我加入这个行业可是有目的的，不能半途而废""要做就要做到最好，我要成为日本最好的店长。"没想到这么一想，我的心态反而变得积极了。

其实，我们经历的一切都是自己选择的，当我们能意识到自己的主体性后，我们就能跳出"无路可逃"的陷阱，就会发现自己并没有被束缚或控制。

同样的事，被人命令时，我们便会感到有压力，觉得不快，但当我们主动出击时，压力就可能会变成动力，心情也会愉悦很多。

在职场中，优秀的职场人即便身处难以承受的孤独中，也从不抱怨，反而会乐在其中，因为他们有着清晰的目标。

享受孤独的人能够意识到自己的主体性，总是能主动出击。

在职场中，这类人会把组织的目的和自己的目的分开来看，并寻找适合自己的方法去解决问题。他们不会尽信他人的意见或公司的指示，而会实事求是地提出疑问，或寻找更合适的方法。他们做事都是从自身出发，反而会显得十分可靠、值得信赖。

现在，我也一直在提醒自己，每天只做自己想做的事。不过，既然我们生活在社会中，就必定会有需要迎合他人、遵从别人意见的时候，为了减少这种外部压力，我们可以试着告诉自己“这是我自己想做的，而不是服从命令”，这样一来，我们的压力就会小很多。

因此，当你一个人的时候，你必须意识到自己的主体性，并明确自己的目的，然后主动出击。

040. 包容他人，自我化解

享受等待，是独立之人的特权

有自己的生活方式的人，无论面对何种环境，都能泰然处之，灵活应对。

我的一位朋友和丈夫分居了 30 多年。孩子还小时，她的丈夫便去外地工作，留她一个人照顾孩子。等孩子长大成人后，她本来想夫妻二人一起好好享受一下退休生活，丈夫却天天沉迷于钓鱼，最后干脆搬去了远离日本内陆的一个小岛上。

“每个人都觉得我们家特别奇怪，但我认为这就是适合我们的生活方式。”的确，她一直都很清楚自己的生活方式，并从未因此而后悔。她说：“养孩子时就以孩子为中心，无论是做慈善还是支持孩子参加的社团，我都觉得很有意思。”

也许她也曾感到孤独，但总能自我化解，这种心态实在令人赞叹。现在，她一边照顾父母，一边经营着一家慈善商店。能够以如此稳定的心态独立地生活，正是因为她清楚事物的优先程度，知道对自己而言什么最重要。尽管有时也会对他人有所期望，但她并不会勉强他人，而是抱着达观处世的心态去面对现实，在遇到问题时也能欣然接受并灵活应对。

享受孤独的人更擅长等待，他们有着大把的时间可以用来配合他人，同时又不会被他人支配。他们会把等待的时间变成自己的时间，会一边期待着等待的结果，一边享受着一个人的乐趣，因此他们的心态总是很平和。

相反，害怕孤独的人则总会纠结于“为何留我一人”“为何不爱我”“为何不重视我”等毫无意义的问题。其实，很多时候我们与他人的关系破裂，也是因为我们总是陷入悲观的臆想，从而导致关系紧张。

不过，我们也不必万事都配合别人，意见相左的时候，大家还可以坦诚交流并努力达成共识。总之，我们在尊重对方的同时也要尊重自己。

当我们能够接受孤独，我们对他人也会更有包容心。

041. 放弃过度的自我保护，做真实的自己

迎合他人是一种自我保护

自从我意识到“人人皆孤独”后，我便开始做最真实的自己，这让我深感庆幸。

此前，为了融入周围的环境，我总是小心翼翼地隐藏着自己，如今的我已经能自在地展现真实的自己了，与他人相处的方式也发生了天翻地覆的转变。

之前为了迎合他人，我常常自我欺骗，而且这种行为已如呼吸般自然，我总是勉强自己参加不想去的聚会，总是一边假笑着一边说着客套话，明明为难却假装没事……

为了让自己心里过得去，我对自己说“这么做是为了让别人舒服”，其实本质上还是担心自己被人嫌弃、厌恶，是

一种自我保护的心态。

然而，长期的忍耐和压抑会让人无法承受，渐渐地，我开始怨恨别人，甚至为了让人猜不透心思，逐渐变得面无表情。

后来，我试着开解自己，告诉自己“别人不会特别在意我，如果正常与别人交往仍然被讨厌，那也是没办法的事”，渐渐地，我变得不再害怕，也开始能够展现真实的自己了。

不知道就直说，不想做就拒绝，直白地表达出自己的喜好……当我做回真实的自己后，我便有所领悟。

首先，做真实的自己并不会被厌恶。相反，当我们表里如一、敞开心扉地与他人交往后，我们的人际关系反而会变得更好，彼此也更能相互信赖了。而且，因为不再勉强自己，我们的心情也会变好，整个人会变得更开朗、阳光。

其次，我变得更喜欢自己了，这也是最大的好处。即便异于常人，略有缺点，但我依然喜欢这样的自己。

不惧怕他人的目光，反而有可能收获意外的温暖。如此一想，令人紧张的交际反而让人充满期待，推动着我们不断成长。

042. 一个人才有的松弛感

短暂地脱离原来的环境，转变视角观察自己

我有一对夫妇朋友，他们一直在世界各地旅居。三年前，他们搬到了日本的一个乡下小镇。那里的田园生活十分美好，各种庆典和团体活动也丰富多彩，即便如此，丈夫每年依然要飞好几次国外，去和朋友打高尔夫球。

“无论多喜欢这里，总是待在一个小圈子里还是会感到压抑”，他说。

同样，妻子每年也会旅行两次，加上探亲，每次的外出时长有两周左右。

“有意思的是，每当我们各自旅行完回家后，彼此都感觉对方变得更温柔了”，妻子说。

长时间待在家庭、公司等这种封闭的环境里，就像被困在一个“小箱子”里一样，我们的压力便会不知不觉地累积，也无处释放。然而，如果我们拥有独处时间，这种压力便能够轻松缓解。

那些无法理解孤独的喜悦与珍贵的人，往往摆脱不了无形的压力，也无法感受到真正的松弛感。

我的一位做销售工作的朋友曾告诉我，之前的他总是因公司业绩考核而疲惫不堪，下班后经常和同事喝酒抱怨，但自从每周末开始爬山后，对工作反而更有热情了。

暂时脱离平常的环境，与登山队里的陌生人畅所欲言，享受纯粹的登山之乐……在此般享受中，原本死气沉沉的生活便会焕然一新。

如此可见，短暂地脱离原来的环境，能带给我们一种松弛感，也能让我们换一个角度来观察自己。如此转变视角，内心便会宁静淡泊。

同样，长期一个人生活的人也需要偶尔与人说说话，出去走走，将累积的孤独感释放出来。我们可以用他人的温暖来疗愈自己，让我们的内心不再疲惫。

因此，无论是与人相伴，还是一个人生活，长期待在单一的环境中都会让人内心压抑。不妨先学会享受孤独，然后做一个既会独处又能与人相伴的人，在两种状态中来去自如吧。

043. 有稳定的内核

接受自己的平庸，也祝福别人的才华横溢

一个人生活的人能把自己和别人分开考虑，他们深知“人生而不同”，懂得走好自己的路，因此很少会遭遇竞争和嫉妒。

害怕孤独的人则总爱与他人比较，却又常常自愧不如，会因被人轻视而郁郁寡欢。他们会用各种社会评价来审视自己，如因担心拿不到大企业水平的养老金而惴惴不安。

有些人在社交软件上看到别人的幸福生活，就会心生嫉妒，甚至厌恶，其实这也是比较心理在作祟。在他们看来，别人过得好就意味着自己过得不好。

其实，总拿自己与他人比较，本质上就是想确定自我价值。但是，从相对的角度来判断自我价值真的有意义吗？哪怕比过了一个人，但天外有天、人外有人，永远都有比我们更幸福的人，比较也将永无止境。

相比之下，习惯独处的人则会以自己心中的“绝对”价值标准来看待自己，他们深知自己认为好便是好，能淡然面对旁人的评价。

我在 20 多岁时也常常因与人比较而受伤。于是，我不停地告诫自己“别人是别人，我是我”。别人过得好，就要真诚地称赞对方“太好了”“真厉害”“恭喜你”，当我们不再把他人当作比较的对象时，我们也就不会心生嫉妒了。

如果确实想与他人比较，也应该与优秀之人相比。看到朋友认真努力，就激励自己奋斗；若有敬佩之人，则将其树立为榜样，作为自己的努力目标。当比较能够带给我们力量时，它便有了意义。

要注意，不要沉浸在自己臆想出来的竞争之中。

我们无法成为别人，别人也无法成为我们。因此，我们要活出独一无二的自己，不要在意别人的看法，而要有自己的判断标准，要按照自己的心意行动，并发自内心地喜欢自己。

044. 一个人的断舍离

敢于拒绝自己不需要的事物

相较于顾虑别人，一个人生活的人会花更多的时间在自己感兴趣、喜爱的事情上，所以他们往往非常了解自己。

他们拥有自己的个人风格，且懂得如何才能取悦自己，也十分了解自己感兴趣的领域、适合自己的服装和装饰、喜爱的书和电影，等等。对于自己想要的东西，无论花费多少时间、精力，他们都在所不惜；对于不需要的东西，哪怕白送，他们也决不接受。

能坦然说出“我不要”，而不是随大流，就可以避免不必要的精力浪费，我们的生活也得以减负，我们的身心也会变得轻松自在。

然而，很多人还是会因为害怕孤独而选择和大家一样，认为大家都说好才是真的好，随大流才会让自己安心。然而，这种想法一旦出现，就意味着我们已经放弃了思考。去主题游乐园就要和别人穿一样的衣服；为了在社交软件上发照片就特意去网红景点打卡；只要是网上推荐的店铺，即便人挤人也要凑热闹去排队……这些行为本质上都是我们在下意识地追求“人群中的自己”。当然，真正喜爱这种活动的人就另当别论了。

即便孤独，也会跟随自己内心的想法，对不需要的东西说“不”，这才是一个人真正成熟的表现。相反，内心不成熟的人往往会随波逐流。他们会在大甩卖中冲动消费，会在家里堆满闲置物品。当然，很多人迫于生活的压力只能东奔西走，自然没有独处的时间。

总之，独处的时间更有利于我们思考，能让我们发现许多以前从未留意过的问题。

当电视节目大肆推荐某个商品时，我们不妨想想“我真的需要吗”“这是刺激消费者的套路吗”；对于看似言之凿凿的措辞，我们也应想想“这是不是一种控制呢”。

只有身处孤独之中，我们才有时间和空间来深思熟虑，也会更容易看清事情的本质。

这也是一种生活智慧，它能够帮助我们更好地生活。

045. 孤独是一种特别的气质

能够享受孤独的人有独特的气质

在我看来，无论男性还是女性，只要是能够享受孤独的人，他们就都特别有魅力。即便独自品茶、散步，他们看上去也依旧潇洒、自在、坦荡。能够享受孤独的人，一个人也能奏出人生之旅的赞歌，他们积极的心态也会体现在眼神、表情、谈吐上。

不仅如此，他们的魅力之处还在于即便心情愉悦，也能让人捕捉到一缕孤独的影子。这种气质是那些时刻想与人陪伴、依赖别人的人永远也无法拥有的。

提到能够享受孤独的人，我的脑海里总会浮现出这些人物形象。譬如，无论处在什么年龄段都乐于挑战新事物的人；不仅能与人同乐，还拥有自己的世界，能够尽情享受、追求所热爱之事的人。那些尽力发挥作用的领导人，精益求精的匠人，以及创作出动人之作的作家或艺术家，无一不是处于孤独之中。

其实，孤独是否有魅力，很大程度上取决于我们对待孤独的态度，即我们是积极地享受孤独，还是被动地接受孤独。

26 年前，我的一位朋友孤身来到日本，随身之物只有一个行李箱。从独自创业，到如今成为一名优秀的企业家，她所经历的孤独，绝非旁人能想象的。尽管如此，她也没有半句怨言，一直从容不迫地享受着孤独，也不停地为别人东奔西走。这种积极的生活态度真的很令人钦佩。

男性也同样如此，无论未婚还是已婚，能够享受孤独的男性既有主见，又能随遇而安。他们既浪漫又有志向，会一心投入自己想做的事情。他们散发着孤独的气质，让人觉得魅力十足。

当我们能与孤独共处，我们也就拥有了成熟的魅力。

046. 一个人，更自由

什么事都要人陪，就失去了自由

如今，越来越多的人都开始享受一个人的生活。事实上，一个人的生活确实又方便又轻松，因为我们不用事先与他人商量，想做什么也能立刻动身。如此一来，随着我们行动的次数越来越多，我们活动的范围也会更加宽广。

我们每个人都有自己钟爱的活动。就我而言，比起吃饭、喝酒，我更喜欢一个人泡温泉、看电影、逛美术馆，现在又迷上了看喜剧表演和演唱会。

每次去国外旅行时，我也几乎都是一个人去，自己住一个便宜的旅馆，漫无目的地走在异国的街道上。旅行途中，有时也会和当地人聊聊天，有时也会和来自五湖四海的朋友们聚在一起。

总听人抱怨“想找人出去玩，但大家都很忙”，以前，在寻找旅行伙伴的时候，我总是考虑别人是不是很忙，也总会因为日程、兴趣、经济情况等各种原因而找不到志同道合的人。但自从下定决心要“一个人出发”之后，我的旅行便畅通无阻，我也逐渐意识到这种方式非常适合自己。

但偶尔也会遇到不适合单独出行的情况，这种时候，我也会想“要是有人能陪我就好了”。不过，一想到一人出行时能享受到最纯粹的喜悦，无须顾及他人，想去哪儿就去哪儿，这点孤独也就不值一提了。在独自欣赏夕阳时感受一次突如其来的孤独，其实也别有一番风味。

那些害怕孤独的人，如果没人陪就不愿意出发，即便面对自己感兴趣的活动也是如此。长此以往，他们不仅活动范围受到限制，还会越来越囿于狭小的圈子。

其实，很多男性在退休后会一下子失去自我，整天跟着妻子，甚至引起妻子的不满，抱怨丈夫“退休后没事干，我做什么都跟着，真是烦人”。因此，年纪越大的人越要锻炼自己的“孤独力”，否则渐渐地就会被家人嫌弃。

害怕孤独的人总是需要他人的陪伴，他们不擅长结交新朋友，一旦独处，就会变得不安、郁闷，这对于其身边特定的那几个人来说，就是一种负担。

为了避免这种情况，我们可以先从最简单的独自行动开始尝试，随后再不断提高难度。只要尝试过一次，大部分人就都会喜欢上独处的感觉，甚至还会上瘾，从此以后我们的人生将日益快乐。

047. 先学会当自己的靠山

遇事只能靠自己

当我们感到孤独的时候，就说明我们在成长，因为一个人的时候，我们只能靠自己。

你是否有过一个人努力奋斗、默默成长的时刻呢？都是在什么情况下？我想，一定是在孤独中毫不退缩，向着目标不断前进的时刻。例如，备战高考的时候，学习一门语言或一项技能的时候，努力完成困难的工作的时候，跑完整场马拉松的时候……

当然，在我们的人生路上，肯定也有很多时刻是与他人一起成长的，例如，受到他人指导，或和朋友一起并肩作战。但与他人共同成长的前提是，我们自己先拼尽全力。

当真正重要的目标出现时，我们只能先凭一己之力，去摸着石头过河。如果此时选择逃避困难，跑去和朋友聚会，或刷社交软件、打游戏，那么之后的我们一定会悔不当初。

我在35岁之后，突然爆发出一股前所未有的、连我自己都难以置信的力量。我的内心就像燃起一团火焰一般，一种“不甘就此结束”的冲动驱使着我不断挑战自己，最终我来到东京成为作家，并出版了我的处女作。虽然每天都在思考“我还能走到哪儿”“还有其他什么方法吗”，但也充满了乐趣。从那时起，我便下定决心，今后不再拿别人做挡箭牌，因为与孤独共处是自己一个人的事。当我们明确了自己的目的之后，我们也就无法再逃避了，也就不会再因为“他不帮忙，我就不会”“我没能力，所以我不行”等借口来拖延行动了。

如果能凭借自己的力量坚持到最后，那么之后无论遇到什么困难，我们都会有强大的自信心，会觉得自己可以做到。因为，我们对自己已经了如指掌，清楚地知道自己能做到什么。

孤独给了我们成长的机会。不过，也别忘记，当实在坚持不下去时，放弃也是一种保护自己的方法。

048. 幸运总是降临在独自努力的时候

默默努力的人会得到意外的帮助

“命运之神”总是降临在一个人独自努力的时候。

若有人主动询问你“要不要试试这份工作”“要不要见见这个人”，那么一定是你的能力或性格得到了他的认可，让他对你产生了期待。但是，如果你把自己定位成一个随处可见、平平无奇的普通人，那么别人也就不会对你抱有过大的期待。因此，要想得到“命运之神”的垂青，我们就一定要重视自己，要大胆地展示自己，让别人知道我们是怎样的人，同时，在机会来临时也要欣然接受，并积极地投入其中。

如今，很多人虽然身处公司这个大集体中，但已经拥有了强烈的“独立意识”，越来越多的人选择跳槽到其他公司，或是在目前的岗位上积累能力与成绩，为下一个岗位做准备。

与此同时，也有一些人因为不想招惹麻烦而选择维持现状，尽管他们也能继续留在现在的环境中，但实际也是因为离开之后无处可去。

事实上，当我还是职场人的时候，我也有类似的心态，觉得无论如何努力，也没什么升职加薪的机会，害怕“枪打出头鸟”，提醒自己别招惹是非。

然而，有一天我突然意识到，公司不会照顾我一辈子，自此之后我就开始了以自我为中心的成长之路。我开始学习一些新的技能，同时尝试开展副业。当我行动起来后，时不时就会有人来委托我干活，我也会尽全力做好那些事，如此反复之后，我才走到了今天。因此，无论什么事，我们都可以去勇于尝试，要努力成为那个能被别人选上的人。

“当你有所需时，所需之人便出现。”其实这并不是魔法，也非运气，而是因为我们正在做那件事，或已做好了准备马上就会行动，也就是说，是我们的行动吸引了与我们有共鸣的人，所以他们才会出现并来帮助我们。

那些只知道依靠他人，什么事都想拜托别人的人，永远学不会自己一个人行动，也很难得到别人的帮助。相反，那些独自默默努力的人，帮助他们的力量反而会接踵而来。

049. 独处时更容易萌生创意

孤独的时候，大脑会更高效

我认识的一位艺术家连最普通的手机都没有，更别提智能手机了。

他说："我不想成为这种东西的奴隶，我所追求的是不被任何事物束缚的自由"。他经常闭门不出地静心思考，偶尔一个人出去散步来放空自己。正是在这般看似孤独的生活中，灵感不停地浮现在他的脑海中，仿佛得到了上天的指引一般，他的艺术创作灵感源源不断。

他的艺术作品可谓奇思妙想，深受人们的喜爱。可见，只有远离纷杂的信息，让自己处在孤独中，才有时间去思考，才能创造出精致又独特的构想。

其实，很多"灵光一闪"的时刻都出现在我们独处的时候。很多好的想法或创意总是会在我们洗澡时、走路时，甚至快要入睡的时候突然出现，如“我想到一个好办法”“我想出了一句特别棒的诗”。

即便我们自己没有意识到，我们的大脑也会像电脑一样在“安全模式”下不断运行，会自动搜索某一主题的相关内容。当我们一个人放松下来时，大脑就会被激活，并开始整理此前输入的信息。如果运行顺利，大脑就会输出很多充满创意的想法。

当我们和别人在一起或自己玩手机时，大脑会持续不断地接收信息并做出反应，无暇整理信息，自然也就不会产出好的想法。

不是模仿他人，也不是别人给的现成答案，而是自己在孤独的思考中想到的创意，这才是能让人感到无比喜悦的事，这是模仿他人或者照抄现成答案所体会不到的。哲学家之所以能开悟，发明家之所以能创造出便利的工具，都是因为他们在孤独中不厌其烦地思考。

其实，我们的大脑一直在为我们的幸福而转动不停。也许我们能通过独处创造出属于自己的美学。因此，不妨每天都给自己留一点独处的时间，可以是晚上不玩手机，可以边散步边放空自己，如果和家人一起住，就想办法创造出独属于自己的空间。

050. 发现自身更多可能性

孤身一人才能与各种各样的人接触

谈及“孤独”，很多人首先会联想到的就是那些避免和人来往、蜗居在家中的人，或是顽固不化、只活在自己世界中的人。然而，在我看来，正因为孤独，我们的视野才会变开阔，我们才能接触到更大的世界。

我曾经参加过一个援助发展中国家孩子的公益项目，里面的志愿者们有很多都是配偶去世的老年人。

有些老人说：“就剩下自己后，我意识到自己的时间也不多了，就想着自己还能做点什么，所以就来这里了。”想必他们是想要找到生命的意义，也想要帮助他人，思索之后，发现容身之处并不在日本才跑到异国他乡的吧。

把工作或家庭当作生活重心的人，总会把视线集中于当下的环境，总在不停思考自己能做什么。家中有老人和小孩需要照顾的人更是如此，所以也不难理解他们为何只能关注到眼前的事情。

不过，若我们过了这个阶段，也不再需要对公司或家庭履行责任了，却还畏缩不前，我们就很容易心生一种疏离感，觉得自己不被需要，从而失去许多可能性。

其实，正因为孤身一人，我们才能做更多的事情。当我们打开视野，我们就会发现自己还有许多可能性。因此，无论处在什么年龄段，我们都要持续学习、挑战并充满热情。

如果一味地思考未来的事，如“退休金能拿多少”“以后能找到工作吗”，我们就只会不断地索取，但若换一个角度，相信自己能给予他人什么，说不定还会获得一些回报。

苦于孤独的年轻人，也不妨抬起头眺望一下广阔的世界，想想自己还能做什么吧。或许能认识一些老年人，只要听听他们说话就能让他们高兴；或许能学些新东西，然后在新的社团中找到自己的容身之处；或许能认识与自己有共同的兴趣或看法的新朋友。正因为孤身一人，我们才能以个人的身份与他人或团体交流，相应地，我们能接触到、做到的事也会变多。

051. 孤独的人，心更柔软

有些付出是不求回报的

要想真正体谅他人，必须先成为孤独的人。

害怕孤独的人尽管也体谅他人，但其中隐含着一种依赖的心理。例如，在职场中，有些人会对自己团队里的同事照顾有加，既和蔼可亲，又给予鼓励夸奖，当其他团队的同事遇到困难时却袖手旁观。其实，这种行为的背后也是害怕孤独的心理。

相反，孤独的人没有所谓的派系，他们不会依附于任何团队，也不刻意和谁搞好关系，不期望此后的友好来往，他们的温柔是一视同仁的。此外，他们的付出是不要求回报的，所以他们也不会抱怨“付出却没有回报”“为什么不感谢我”，也就不会觉得孤独。

只要对方能高兴，能解决困难，便万事大吉。

犹记得我刚开始在报社工作时，经常搞错文章篇目或顺序，所以每天都要接受主编的狂风暴雨般的训斥。然而，在我又一次犯了大错，甚至惹恼了广告商时，她却没批评我一句，而是和我一起前去道歉。

这么多年来，我一直把她当作我的榜样，想成为如她一般温柔的人。其实，所谓温柔，并非只有微笑着关照他人一种类型，还可以是鞭策他人成长的温柔，顾及他人的心情而默默守护的温柔，能够耐心等待他人成长的温柔，以及与人感同身受的温柔。此外，真正能够为对方考虑的人，在必要时刻甚至还能主动放手、让对方更加独立。

孤独的人不会要求对方依赖自己。孤独的人彼此之间的联系也不是靠浮于表面的语言或态度，而是靠深层情感上的互相理解。

另外，还有一种温柔是源于对孤独的理解。当看到同样不安、寂寞的人时，温柔的人便会感同身受，仿佛自己也能感受到揪心之痛一样。在别人看不到的地方默默地提供支持也是一种温柔。在我看来，只有将孤独深藏于内心的人才会有这种大爱。

第 4 章

享受独处时光

会享受独处时光的人，无论何时都从容不迫

052. 一个人要像一支队伍

孤身一人，才能真正做出自己的决定

所谓“孤独力”，就是享受孤独的能力。就像享受一个人的旅行一样，我们也可以享受一个人的生活、一个人的人生，从中发现无限的乐趣与喜悦。正因为孤身一人，我们才能想去哪儿就去哪儿，想和谁交流、想做什么都可以随自己的心意来。本章将为大家介绍几个享受孤独的方法，希望我们都能体会到独处的美妙之处。

第一个秘籍就是一个人也要像一支队伍一样有纪律。

一个人出游时，我们会思考去哪儿、怎么去，同样，一个人的人生也要思考行动策略，要有一个“一人行动计划”，对孤独的人而言，这是一切行动的重要基准。

生于尘世，我们难免会偶尔迷失自我，不知该去往何方。然而，在这个世界上，最了解我们的人便是我们自己，所以我们一定要倾听自己的心声，基于自己的想法去思考解决问题的方法。

其实，一人行动计划也没有严格的规范，只需要每天留出一些独处的时间用来记录和思考即可。哪怕没有独处的时间，也可以利用通勤、泡澡或睡前的片刻，当然最好能在工作前或午休时留出 10~15 分钟的时间，来记录和思考。

无论是我们的当下所感，还是我们注意到的事、想做的事，或是担心、烦恼之事，我们都可以记录下来，通过把脑海中纷杂的想法落于纸上，让思绪得到整理。

比方说，我在做一人行动计划时，主要会对两个问题进行自问自答："我想做什么？""为此我需要怎么做？"

就像一个人旅行时要决定去哪儿玩、怎么去一样，我在做一人行动计划时也会询问自己想做什么（what）以及怎么做（how），随后我还会列出具体的待办事项（to do list），并在日程安排上一一落实。

这种方法还能运用于各种事情上，例如每日工作计划、周末安排、暑假出游、语言学习、人生的长远目标，等等。不过，切记一定不要内耗。没完成的时候，我们开玩笑地说一句"我真笨呀"，然后继续下一个行动计划即可。

053. 一个人的旅行，说走就走

要多去留意生活中的美好，就会有许多新的发现

要想成为享受孤独的人，最好的方法就是多来几次“一人旅行”。无论你是讨厌孤独、认为“一人无事可干”“没玩伴很寂寞”的人，还是偶尔也想自己出去看看的人，我都非常推荐一人旅行。如果不便在外过夜，哪怕在街道上散一会儿步，也会让你有一种焕然一新的感觉。

一人旅行的魅力就在于自由自在的舒适感，你可以随意更改目的地、日程乃至制订好的计划。今天决定好去哪儿，明天一早就能出发。

在与人结伴出游时，我也总是遇上和朋友在时间上对不上的情况。后来，为了能尽情地欣赏美景、拍照，我基本都会选择一人出游。一个人出门的好处就在于能够留意到生活中的很多细节，你可以迈着欢快的步伐，在街角处拍下有趣的招牌，或是在大自然的环绕中拍下珍稀的花朵。

无论多么知根知底的朋友，只要一起出门就总会因为聊天或统一步调而分心，从而错过了许多风景。

就连吃饭，我也会跟着感觉走。想吃哪家就当即拍板决定“就吃这家！”尽情地享受菜品的味道、香气和口感，想象着它们的烹饪方法，偶尔还会和店员聊聊美食。

此外，一人旅行还能深入当地人的生活，去当地的早市，像当地人一样买东西；也可以选择一家略贵的酒店，体验一下非日常的感觉；或是坐在一家能看到夕阳西下、染红山脉的咖啡馆里，静静地沉思……这些美好的细节汇总在一起，便构成了丰富多彩的旅途回忆。

因为没人约束我们，所以如何享受全取决于自己。我们可以自由地选择喜爱之物、喜爱之地，甚至是不需要的东西。总之，一人旅行可谓一场放飞心灵、认识自我的旅程。

很多时候，只要离开原地，我们就能发现很多曾被我们忽略的小幸福。

每当我们结束一场一人旅行后，我们的内心就会得到一次洗礼，自己也有了些许成长。只需要有一些好奇心和一点点的行动力，我们每个人都能开启一次一人旅行，并从中获得成长。

因此，不妨让自己享受一下孤独，偶尔计划一次一个人的旅行，孤身闯天涯吧。

054. 在与他人的邂逅中不断认识自己

正因为孤身一人，才会有更多的萍水相逢

原来的我在与人交往中总是特别胆怯、被动，但自从开始一人旅行后，我便能主动与人攀谈了。我期待着在旅途中与邂逅的人再次重逢，享受着与拼桌的客人的相谈甚欢，我体会到了人生的巨大转变。

“若不在此刻与他搭话，此生便难以再相会。”我就是抱着这样的想法，在旅途中与萍水相逢的人搭话的。

不过，事实上别人向我搭话的次数要更多一些。曾经在看演唱会时，坐在我旁边的一位女士主动问我“是不是在哪儿见过你”，没想到随后我们就意气相投地聊了起来。我的很多朋友都是始于一次搭讪，有的朋友已经亲密到可以在对方家中留宿的程度了。

正因为孤身一人，我们才会更珍惜每段萍水相逢的邂逅。

若是结伴同行，想必几乎没人会来搭话，我们也不会主动向别人搭话。不过，即使是一人旅行，若总是埋头玩手机，浑身散发出“生人勿近”的气息，也不会有人来接近你了。

平日里，我经常主动和人搭话，也经常被人搭话，我想这是因为我总是扬起脸观察着四周，好奇着他人是怎样的人。

无论是带着孩子在公园散步的母亲，还是在咖啡厅里经常看到的店员，或是公寓的管理员，你都可以微笑着向他们打个招呼。如果对方也回以笑容，你就可以试着开启一些话题，如“这条围巾好漂亮”“今天店里人很多”“今天天气真好啊”等；如果对方没什么反应，你也不必放在心上。

我们只需享受当下，不期待着对方的回应，抱着随缘的心态向别人搭话，也许反而会收获意料之外的信息，或是展开一段有趣的经历。

正因为孤身一人，我们才更有可能有更多的邂逅，才有机会收获一段又一段的友谊。真正的独处不是封闭自己的内心，而是像一个人旅行一样，在与他人的邂逅中不断认识自己。可见，孤身一人也有不少好处。

055. 学会像问路一样大胆求助他人

主动求助才能得到他人的帮助

回想起来，这一路走来，我所收获的善意真是多到数也数不清。

当我独自来到人生地不熟的东京后，在餐厅和我拼桌的老太太对我说“来我家住吧，我不收钱”；在打工期间，前辈对我说“做了好多小菜，拿点回去吧”；工作之后，有过一面之缘的作家对我说“下次我把那位杂志社编辑介绍给你”。在我住在乡下的那段时间，附近的老人总是来帮我，他们或是割草，或是维修房子，还教我制作能够长期存放的食物。

他们就像挚友一样地关怀我，或许是因为看到独自生活的我，想着无论如何也要助我一臂之力吧，又或许是因为无法对处处受限的我袖手旁观吧。

除此之外，我还会经常收到许多邀请，比如“要不要去我家吃饭”“要不要一起出去玩”，等等。不知何时起，我已经与一些朋友的家人都熟悉了。

当然，有些朋友在组建家庭后，尽管也能自由行动，但就要考虑是否要向另一半“报备”了。约他们出来时，总会得到“我要先问问我丈夫 / 妻子”的回复，所以之后我也就不好意思再约他们了。

有的人可能会认为，我能够获得这么多帮助，是因为我是女性又善于社交。其实不然，男性也好，性格内向的人也罢，总有那么一些人会得到别人的帮助。

这些人都有一个共同点，那就是面对别人的善意，他们都会发自内心地高兴，并真诚地感谢对方。尽管有时候也需要准备一些简单的回礼，但大部分情况下，只要真诚地说一句“我很高兴，真的非常感谢你”，对方就非常满足了。

因此，不要只念着朋友、亲戚、邻居的情分才敢上前，而要像问路一样，大胆求助或帮助他人，且不要有任何心理负担。当我们没有不切实际的期待时，开口也就变得简单起来，最后用一句“谢谢”就能爽快地结束对话。

坦然接受旁人的善意，也是孤独之人的生存法则。

056. 要有针对性地求助不同的人

求助也要对症下药

一位离婚的朋友曾对我说："虽然我已经不想再结婚了，但有个能说说话的男友在身边也不错。此外，最好身边能有各式各样的朋友，比如学识渊博的人，能一起享受美食的人，还有能逗我开心的人。"然而，想在一个人身上找齐这些条件真的很难，但把这些需求分散到几个人身上的话就很容易实现，而且大家相处起来也更轻松惬意。

当我们意识到"恋爱不是必需品"，且每个人都是独立的个体时，我们与他人的相处也会更轻松。因此，不妨抱着试一试的心态，即便被对方拒绝也不要多想，大胆地邀请他人、依赖他人。

前文中提到"要像问路一样大胆求助他人"，也就是说，我们不能一味地等着他人的善意来敲门，必要之时也需像问路一样，主动接近对方。

除了伴侣和一起玩耍的人，我们还可以结交帮忙打扫家里卫生的人、能教我们做饭技巧的人、在数码产品方面能给我们建议的人，以及说几句话就能让我们打起精神的人，等等。若我们拥有各种各样的朋友，我们就能从不同方面获得帮助，这也是一种自立的表现。

什么事都只找固定的几个朋友或家人帮忙，不仅会给他们造成负担，能得到的帮助也很有限。因此，哪怕是点头之交，我们也可以请教、求助，必要时还可以上网咨询或花钱委托专家等，总之，解决问题的方法可以有很多种。

一位朋友曾向我诉苦："搬家找了朋友帮忙，本来是想省点开销，结果不仅浪费了大量时间，还请他们吃了饭，一点也没省到。"可见，有时拜托专业的人反而更靠谱。

当然，在向别人求助前，我们要先明确自己能做到什么，以及做不到什么。当你知晓自己的局限性，求助就更有目的性，你也更容易找到帮手。一个人生活的乐趣就在于能够与众人来往，也能受众人帮助。可见，"孤身一人就是寂寞"着实乃无稽之谈。

057. 送人玫瑰，手有余香

分享是单纯的快乐和即时的喜悦感

重申一遍，“一个人”并不意味着龟缩在自己的世界中，把旁人拒之门外。恰恰相反，正因为孤身一人，你才能随心决定与谁来往、如何来往。没有“注意举止”的束缚，也没有“搞好关系”的期望，反而能轻松地与各种各样的人来往。若在相处过程中发现自己不适应，保持距离即可，你同样有权选择独来独往的生活方式。

近几年我经常搬家，也常光顾附近的门店，如杂货店、咖啡厅、美容院、温泉旅馆或小酒馆，等等，我常常借机与店里的人聊些家常，不知不觉中，我早已成了各个店的熟面孔，在各地的朋友也逐渐多了起来。

有时候，我也会拿一些小吃分享给他人。比如，在旅行回来的路上顺便去一趟常去的温泉旅馆，给老板送一些特产，聊表心意。其实，很多时候我们送东西并不是想要得到对方什么好处，而是出于“你开心，所以我也开心”的心理，是一种单纯的快乐和即时的喜悦感。

所谓送人玫瑰、手有余香，在与他人分享美好的事物后，就算我们没有期待回应，也常会收到对方的回礼，如当季的水果、手工果酱、手织绒线帽，等等。在这种一来一回中，大家的关系也变得更近了。

当然，能交换的不仅限于物品。我很喜欢拍照，所以常常会将一起游玩的照片或视频发给对方，让他们高兴。当对方遇到困难时，我常常倾听、帮助他们，或是提供信息，必要时还会给他们介绍帮手。不过，需要注意的是，在帮助对方时，我们要留意对方的反应，以免没有边界感。

“给予莫挂心头，恩情莫要遗忘”，这便是孤独之人的原则。只要记住这一点，周围的人都会在不知不觉中成为你坚实的后盾。

058. 大胆去欣赏那些闪闪发光的人

正因为孤身一人，喜欢别人才没有负担

如今，四五十岁的女性之间最流行的话题就是讨论她们的“我推”。“我推”原是追星用语，出自“我推崇的偶像（最喜欢的成员）”，如今除偶像之外，歌手、演员、运动员甚至是网络博主都可作为被推崇的对象。许多人都会从自己的偶像身上获取生活的活力，比如“我喜欢的歌手就是我的心灵支柱”“每晚看看偶像的视频，感觉心灵被疗愈了”，等等。毕竟任何人都想为勇于挑战的人加油鼓劲。

看到偶像的成长，就好像自己也有所收获一样。

另外，据说追星时所产生的情感还能起到幻想恋爱的作用，且这种情感是单方面的，我们不会因情而伤，所以非常有安全感。对不需要伴侣的人而言，追星可以滋润自己，使生活充满动力；对有伴侣的人而言，追星能帮助彼此找回心动的感觉，从而促进亲密关系。不过，作为成年人，必须注意不能过于沉迷其中。

除此之外，还有一种“追星”也可以发挥作用，那就是关注现实中的人，即默默支持和欣赏现实中认识的人，比如咖啡厅的店员、健身房的教练、常来公司的配送员、兴趣班的老师，等等。如能在现实中找到一个欣赏的人，我们的内心也会鲜活起来。这是只属于你一个人的情感，没有对他人的期待，所以更加自由、纯粹。

当看到朋友正在努力时，对他们说一句“加油”，尽自己的微薄之力帮助他们，当他们获得成长和成功的时候，我们也会由衷地感到高兴。其实，我也在默默地喜欢一些人，比如参加救灾慈善活动的年轻人，默默无闻的陶艺家等，看着他们追求梦想，我特别激动，会为他们加油鼓劲，自己也能获得动力。

正因为孤身一人，才能跳出家庭和组织的限制，能够放眼望向整个社会，去欣赏、支持那些闪闪发光的人，以获得最纯粹的喜悦。

059. 寻找自己的爱好，让独处变得有趣

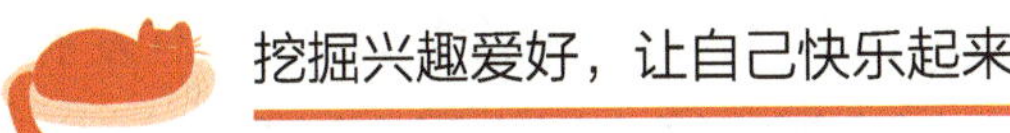

挖掘兴趣爱好，让自己快乐起来

一个人能否享受孤独，很大程度上取决于他是否拥有让自己着迷的爱好。

亲戚的孩子在上小学五年级时生病了，当时他一个人在房间里隔离了一周。隔离期结束后，我问他：“你寂寞吗？”他却说：“一点都不寂寞。我喜欢一个人待着，可以画画、看漫画，我还看了很多有意思的视频，特别开心！”他平常就一个人待着，所以这种时候非但不觉得苦，还尽情享受了个人时光。

其实成年人也一样。那些拥有很多兴趣爱好的人每天都会过得很充实。兴趣的作用可谓数不胜数，它不仅能缓解我们平日的压力，还能锻炼我们的意志，帮助我们结识伙伴，

甚至还能让我们从工作中发现乐趣。无论是繁忙的年轻人，还是悠闲的老年人，拥有爱好的人总是生机勃勃、魅力十足。

然而，也有很多人总说“我没有兴趣爱好”“没有发展爱好的钱和时间”“一个人没动力”“没动力坚持下去”。

其实，兴趣爱好这种东西并没有那么复杂，我们可以从稍微感兴趣的事情开始一一尝试。毕竟拥有各种各样的新体验也会让人快乐。不必在意结果，也不用坚持到底，只要往自己感兴趣的方向不断前进，总有一天我们会找到能让我们沉迷其中、想继续下去的爱好。

若想更加高效地找到自己的兴趣点，则可思考一下“现在喜欢什么”“以前喜欢过什么”，如此一来，便能更早与我们的兴趣相遇。

需要注意的是，一定要选择自己真正热爱的事情，而不是为了随大流或撑脸面而选择自己不喜欢的事。我认识很多有一些看似奇怪爱好的朋友，他们有的喜欢旁听庭审，有的喜欢雕刻佛像，还有的喜欢探寻酒厂。这些旁人看来无法理解的爱好，却能给他们自身带来无尽的乐趣。

我们可以拥有很多兴趣，也可以专注于一事，在感到疲惫时也可以歇息片刻。当我们觉得自己有所进步时，就能感受到更多乐趣，我们的生活也会变得更加充实。因此，挖掘一个让自己感到快乐的爱好吧，让独处的时间变得更丰富！

060. 学习就是以孤独为伴

孤身一人才更能体会到学习中最纯粹的乐趣

学习能够帮助我们提升自己，体验更丰富的人生，对于成年人来说尤其如此。在我看来，学习就是与孤独为伴。

究其原因，是因为人在独处时，更能专心学习，因此更容易突飞猛进。

学习可分两种，一种是与工作相关的学习，另一种是与兴趣相关的学习。前者是一种自我投资，包括考证和技能提升，下一章将对此进行讨论；本篇将重点介绍后者，即通过学习来了解新事物和实现自我成长。

我在 40 岁时曾出国留学，还学习了心理学和语言学。当时的我深刻地感受到了学习的乐趣。当我渴求某个知识时，它便会朝我走来；当这些知识与以往的知识交错时，我便有一种恍然大悟的感觉。

人在长大后，如果没有感受到自己的成长，就会觉得自己在快速衰老。所以，能拥有一技之长，能看见自身的进步，人就会感到快乐，也会变得自信，会肯定自己的价值。

事实上，比起孩子，大人更能体会到学习的纯粹乐趣。一些消极的人总以“记性不好”“不想丢脸”等理由来拒绝学习，但我们不用与他人比较，只要按照自己的节奏去学习，体会其中的乐趣，就能感受到成长的喜悦。

成年人的学习应该涉及“我想活出怎样的人生”这一问题。当你找到自己想要到达的地方，并以此为目标，你就会发现有无数件事可以去做。幸运的是，生于现代的我们拥有无数种学习方法，即便无法去学校或教室学习，也可以上网、看书或向他人请教。

世界局势、自然规律、心理、文学、历史、艺术等，我们了解得越多，我们的人生也会变得越有趣，与人交谈也会更有深度。既然选择了挑战学习，就要去学习真正热爱之事，因为唯有热爱可抵岁月漫长。

061. 学会自我疗愈

请找到支撑自己的事物

众所周知，身心健康是安身立命之本。然而，许多人每天都要忙于工作和家务，他们常常对旁人照顾有加，对自己的疲劳感与压力却视而不见。长久以往，累积的疲劳感便会使他们烦躁不堪，甚至郁郁寡欢。因此，为了避免这种情况，我们应该学会“自我治愈”，每天花一点时间来倾听自己身心的声音。

所谓自我治愈，就是关心自己，让自己的身心保持健康。

我们每个人都应该有几个自我疗愈的小技巧，比如，保证睡眠时间，做一些解压运动，早起散步，工作前冥想片刻，吃饭只吃八九分饱，做拉伸，等等。

我有一个坚持至今的健康习惯，那就是起床后马上称体重。确认体重的增减后，自然就会留意“今天要控制饮食”“运动不能偷懒”这些事情。另外，我还会在泡澡的时候检查身体状况，并抚摸、按摩肌肉，对身体说“今天辛苦了，明天也要继续加油”。当我们开始感谢身体后，我们在日常生活中便会更加珍视自己。

此外，我们还可以在日常生活中找一些让自己开心的事物，例如，喜欢的歌曲、书、咖啡、好闻的护手霜、时令鲜花、香喷喷的浴盐、香薰，等等。有人则喜欢用衣服或一些随身小物件来提升幸福感，也有人会因骑自行车或开车兜风而高兴不已。

当我们拥有了能让自己幸福的事物后，烦躁和郁闷就很难再靠近我们。反之，当我们无法用兴趣或学习来填满内心时，我们就会想依赖他人，或用酒精和购物缓解压力，甚至成瘾。

无论有人相伴，还是一人独处，我们都要养成疗愈自己、取悦自己的习惯，如此一来，我们的身心就会拥有自愈的能力。

062. 一个人也要好好吃饭

不必顾影自怜，要学会享受烹饪过程

无论独居还是和家人一起住，你都应该掌握一些基本的烹饪技能。

因为吃饭是生存的基础，也是一种养活自己的方式。对独居的人而言，自己做饭和在外面吃，这两者的生活质量截然不同。

其实，只会简单的料理也无妨，只要能将营养均衡、热腾腾的饭菜漂亮地摆在餐具中，然后怀着感恩之心品味美食，我们就会感到非常满足。

有的人觉得父母或伴侣会做饭，自己便可以撒手不管。但做饭和打扫卫生、洗衣服不同，我们每个人多少还是应该会一些。在很多家庭里，丈夫完全不会做饭，所以妻子一旦卧病在床，丈夫就连饭都做不了，有些人竟只顾自己，回来就问“我的饭呢”，类似的事情在现实生活中也经常发生。

自己的事情自己做，这是做人的基本原则。很多人嘴上说自己不擅长做饭，实际上只是嫌麻烦，但其实简单地做一份味噌汤连 10 分钟都用不到。当我们能体会到品味美食的乐趣，也就会迷上做饭。

此外，饮食也是需要适合自己的身体状况和日常活动的，所以从这一点出发，我们也必须学会做饭。

我有一位烹饪专家朋友，在他的指导下，我固定了每天的烹饪方式，从而大大缩短了做饭时间。其实，只要选用新鲜的蔬菜，用简单的烹饪和调味，我们就能做出十分美味的食物。

另外，如果你有一道拿手好菜的话，客人来访时，你就能热情招待他们，在社区家庭聚会的时候也有拿得出手的菜品。

人活一世，我们每天都要吃饭，一顿接着一顿，所以去尝试自己做一些美味佳肴有何不可呢？其实，观看烹饪节目和视频也能成为我们做饭的动力。因此，不妨试着做做饭，感受一下其中的乐趣，“催眠”自己，享受丰盛的美食吧。

063. 向内寻找生存价值

从内部获取人生意义

在如今这个长寿时代，退休在即的老人总会哀叹找不到生命的意义，无心工作或恋爱的年轻人同样也在迷茫中找寻着人生的价值。

据某大学的研究结果，年收入高且拥有伴侣的人更有可能找到人生的意义，也更容易在人际交往中获得幸福感。然而，我认为人生意义并非遥不可及之物。

社会上的固有观念认为，人生意义就应该与别人的认可挂钩。因而，人们为了获得他人和社会的认可而拼命努力，却逐渐遗忘了自己真正喜爱的东西。

赋予你人生意义的，就是那些让生活变得快乐、光是想想就能振作精神的事物。你可以在孤独中找到自己的生存价值，比如专注于自己的事，就像孩子在临睡前笑眯眯地想着“今天用沙子堆了城堡，很开心，明天要堆一个更大的城堡”一样，我们成年人的人生也像一个单人游戏。

你可以钓一整天的鱼，可以忘我地编织东西，当然也可以把工作、学习、运动、参与社会活动作为你的人生追求。每个人都可以选择和追求自己的人生意义。

没有外部的压力，在孤独中做着自己想做的事，让自己获得真正的快乐。我想，这便是人生价值的真面目。若在此基础上还能使别人快乐，价值便会增加一层。

其实，我们对生活的充实感是无法从外部获取的，它不能像喝能量饮料一样来补充，而是来自日常生活中的愉悦，从“好开心”“做得好”等满足中提取出来的。

当我们找到了人的生存价值，便无暇再顾及寂寞。

赋有人生价值的孤独，不仅能让你快乐，更能让你变得强大、温柔，让你体会到人生的深刻含义。

第 5 章

享受孤独的人和逃避孤独的人

你不必很强大，但需情绪稳定、温柔待人

064. 孤独力就是生存力

学会享受孤独等同于掌握人生的主导权

有的人能够享受孤独，有的人则逃避孤独，遗憾的是后者居多。

其实，两者最大的区别在于他们是主动选择孤独，还是排斥孤独。讨厌孤独的人不想体会寂寞、疏离、不安、羞耻等负面情绪，所以他们往往会主动靠近别人，通过顺从和附和别人来获得安全感。

殊不知与人在一起交往时的孤独才最令人难受、痛苦、空虚，甚至让人怀疑自我。

很多人都觉得孤独就会不快乐，他们对孤独抱有强烈的偏见，久而久之，一个人便什么事也做不了；也有的人在独处时除了打游戏、玩手机之外就无事可做，其实这些都是排斥孤独的表现。

如今，人与人之间来往甚少，人们的生活方式也发生了变化，很多人出于主动意愿或不可抗的因素，会选择不结婚。在大多数人的人生中，总会有一个人生活的时期。

正因如此，孤身一人，我们才更要自得其乐，好好享受独处时光。即便只能与孤独相伴，我们也要把消极的孤独转换为积极的“孤独力”。每个人本就拥有握住孤独所给予我们的喜悦与力量的能力，而只有享受孤独的人才能成为“常胜将军”。

学会了享受孤独，等同于掌握了人生的主导权。

享受孤独的人也能尽情地享受人生，所以即便独处也不会陷入寂寞，能够满足自己，所以无须依赖他人。

本章将与各位一起探讨享受孤独的人拥有怎样的心境，以及逃避孤独的人需要面对怎样的困难。

065. 更加率性自在地生活

最奢侈的体验便是能够自由选择“时间、地点、人际关系”

对我来说，人生最大的喜悦莫过于做我想做的事。所以每当我想要做什么，我就会立刻行动，因为一旦迟疑，我就会给自己找“没钱”“没时间”的借口，不断拖延，最后不了了之。

当我意识到这一点后，为了让自己更加率性自在地生活，我开始分析自己“一个人能做到的事”和“一个人做不到的事”。

当我们有所顾忌时，我们就很难自由行动。例如，必须去工作，必须陪家人，必须获得社会认同，必须组建家庭，必须攒好养老金，等等。这些观念会让我们失去选择的自由。

事实上，我们可以什么都不做，也可以什么都做。

随着年龄的增长，许多人都感到束手束脚、动弹不得，加之担忧钱与健康，不禁对任何事都产生了无能为力之感。那些过着家和公司两点一线生活的人更是如此，他们在退休后就没了容身之处，因此很容易陷入“无事可做”“不被认同”“没有交际”的孤独之中。另外，还有很多人是因为经济没有独立而感到处处受限。

因此，我们必须趁早给自己创造一个能够率性而为的环境。例如，我们应至少掌握一种赚钱的方法，然后适当降低生活成本，减少不必要的开支，只关注自己想做的事，跳出限制，尽量自由选择你的时间、地点、人际关系等等。当我们一个人也活得自如时，反而能拓展出其他的可能性。

人生过半后，好事坏事都能坦然接受，因为我们已经明确了自己所爱、所渴望的东西。为了让自己满足自己的心愿，请大胆地独自行动吧！

逃避型的人，如何面对孤独

066. 逃避型 1：看重外界评价

强撑门面反而会伤到自己

无论是享受孤独的人，还是无法忍受孤独的人，大家都有自己的行动方式。接下来的内容将着重介绍逃避孤独的人的七种特质，以及治愈内心的小技巧。

逃避孤独的人的第一个特质就是爱面子。也就是说，不少逃避孤独的人都比较爱慕虚荣，他们喜欢在社交媒体上过度展现自己，总爱将头衔或过去的荣光挂在嘴边，甚至会不懂装懂。

其实，不想被人看轻就是一种自卑的表现。在他们看来，真实的自己是无法交到朋友的，所以他们会披上一层虚荣的外壳来保护自己。

然而，以虚荣之面待人终究只能结交到浮于表面的关系。无法向人敞开心扉，也就无法获得认同，于是他们愈发感到自卑……这种接连不断的孤独感反而会让自己遍体鳞伤。

这类人的自尊心很强，他们不想成为别人眼中的无用之人，所以总会陷入孤独。他们总是活在他人的评价中，些许的责骂和失败都会对他们造成毁灭性的打击。

与之相对，有的人则没有偏执的自尊心，在受到责备时也能心平气和，他们能够坦然地接受真实的自己，大方承认“这就是我”，且不会为取悦别人而伪装自己。

其实，我们每个人多多少少都会“爱慕虚荣”。我也不例外。所以，我常常告诫自己“不要想太多，别人并不在意我”，以控制这种情绪。相反，如果因为耻于暴露弱点而包装自己，之后又被人拆穿，得到一句“也不过如此”的评价，这才更令人无地自容。

当以真实的面貌与他人接触，我们也就不会再害怕与他人交往，也更能包容他人的缺点和弱点。要知道，自尊从不来自旁人的评价，而源自“我就是我”的底气。

067. 逃避型 2：喜欢把不幸放在嘴边

不如把不幸讲成笑话，一笑置之

总是吹嘘自己的人很容易陷入孤独的泥沼，同样，总是将不幸挂嘴边，幻想自己是“悲剧主角”的人也逃脱不了孤独的掌心。

有的人总是喜欢泪眼蒙胧，让别人听自己的悲惨事迹，如“我以前被人欺凌过”“我的男朋友很过分”“公司不付我加班费”，等等，好像他们生活在“悲惨世界”中一样。

其实，他们只是希望有人能关注自己、安慰自己，所以才会不断给自己编写“悲剧”，或许还想推卸责任，给自己的行为找一个理由而已。

事实上，大多数人都厌烦这种“缠人精”。于是他们又感叹道：“大家都好冷漠，没人理解我”。可一旦有人表露出同情，他们定会牢牢黏上去。

在我看来，真正的强者，哪怕面对旁人所不能处理的局面，也能大笑着从容应对。他们谈到自己的经历时就像在说电视剧里的故事一样，甚至会开怀大笑。这正是因为他们能够后退一步，从客观的角度来看待自身，其实这也是一种精神独立的表现。

能把悲痛讲成笑话，也是因为他们本就积极向上，在遇到问题时会想“这种程度不算什么”“看我如何力挽狂澜”。

同样，我在生活特别拮据的时候也并没有泄气，相反还乐在其中。因为我知道这种生活不会一直持续下去，所以倒不如将其看作一次锻炼，想着“努力想想只花 500 日元就能过一天的方法”“不去逛商场也能很开心”“等我努力赚钱赚到钱包鼓鼓的那一天，该有多快乐啊”，反而更有动力了。当我们关注于解决现实问题时，也就无暇顾及寂寞了。

是谁给我们带来了不幸，又是谁给我们带来了幸福？没错，那个人正是我们自己。

068. 逃避型 3：动辄就打退堂鼓

拓宽人生道路，孤独自会远离

有些人动辄打退堂鼓，不去尝试就说自己“不行”“做不到”，如“我做不了领导”“人家很有才华，但我绝对不行”“今年要挑战新事物？这绝对不可能”……明明什么还没做，就觉得“不行”“做不到”，想打退堂鼓，这种人其实不在少数。

其实他们并非真的做不到，而是想心安理得地做一个“做不到”的人。毕竟只要认定自己做不到，失败了也就不会难过，甚至根本不用去做。

这类人本就很少去挑战困难，即便挑战了也大概率会失败，因为他们在开始前就预想失败的结果，最后真的失败了就会说“我就知道我不行”。

不想做当然可以不做，但遇上感兴趣或想尝试的事，若习惯性地打退堂鼓，岂不太可惜了？

动辄打退堂鼓的人往往不喜欢变化，他们常常龟缩在自己的一亩三分地里，被动地接受着外界的一切，所以经常感到不满，也容易沉浸在孤独中。

与之相反，那些愿意挑战的人在遇到困难时会想“也许我也能做到”，他们忙着突破自己，所以根本无暇顾及孤独寂寞。而且，因为只是抱着尝试的心态，所以即便结果不如意，他们也不在意。

我的一位朋友不仅自学了好几个国家的语言，还接连尝试了大学讲师、面点师、服装采购员等工作。前段时间她还挑战了改造房屋，一个人粉刷天花板和墙壁，最终完成了一间一室一厅公寓（面积约为 32 平方米）的改造。

她说：“虽然不断挑战新事物确实很辛苦，但结果总是让人惊喜，我特别享受离成果越来越近的感觉。”因为乐于挑战，所以身边总会聚集起支持和帮助她的人，她自然也就不会觉得寂寞和孤单了。

因此，我们要相信自己的能力并勇于挑战，说不定就会收获意外的惊喜。不妨抱着“也许我也能做到”的心态，先从简单的事情开始挑战吧。

069. 逃避型 4：喜欢“八卦”

增加个人时间，就不会在意他人的看法

我们在和别人聊天时，常常会遇上一些很喜欢聊八卦的人。

例如，几个中年男性聚在一起会聊的话题都是某公司的老板又买了辆新车，现在很有名的谁是谁的大学同学，等等；在女性的聚会上则常常听到谁的儿子在某某大学读书，谁明年要退休等这类私人的话题，偶尔还能听到一些别人的坏话。

我在和人聊天时则更喜欢聊彼此的想法，但即便我主动将话题转向“你现在对什么感兴趣”或“你怎么看这件事”等这种深度探讨，聊天最终也会发展成八卦闲聊。不过，往好的方面想，他们或许也是想给我提供更多信息吧。

这些人总是很留意周围的人际关系，他们会下意识地确认自己在其中的位置。他们需要用人际关系以及他人评价来评判自身的价值，因此经常会产生自卑情绪和疏离感。

相反，即便处在相同的环境里，有些人也几乎不会谈及他人。他们更愿意专注于个人，因此不关心他人之事。

我曾经在《五十花正开》一书中写道："五十岁后，人就不再属于某个组织或团体了，而是作为独立的个体而活，所以更要多多和人交流。"没想到收到了一封读者的来信：

"我曾经是一家大医院的医生。因为厌倦了复杂的上下级关系，如今在一个山村里从事地区医疗工作。作为不属于任何组织的个体，我常常一个人去钓鱼或参加村里的庆典，这让我感到很轻松。"

其实，如果能增加一些个体行为，即"一个人"的活动时间，或是置身于一个平等的环境中，我们自然就不会在意他人了。

若实在想聊点八卦，我们就可以先承认这一心态，然后对自己说"这事确实令人在意，不过也无关紧要"，这样一来，我们就能轻松许多。

070. 逃避型 5：看人脸色

察言观色不是错，重要的是别失去自我

“察言观色太累了，我只想躲在自己的世界里。”“看别人的脸色行事真是让人疲惫不堪。开会的时候要注意不能多嘴，上司不高兴的时候要注意别去讨嫌，下班聚会时，即便觉得无聊也要强颜欢笑，聚餐之后别人要继续去酒吧玩的时候也必须陪同……与其这么累，还不如彻底不看别人脸色，自在地做自己。”

提到察言观色，很多年轻人都会这么说。

其实，即便不看人脸色，我们也会下意识地去注意别人，并作出相应的反应。我也是这种性格，所以非常理解这种精疲力尽的感觉。

能够享受孤独的人，并非不会察言观色，而是会跟随自己的内心主动决定是否迎合当下的氛围。

相反，逃避孤独的人就只会看人脸色、随波逐流。

能够享受孤独的人大抵活得比较自在。他们在会议中若对某个问题有不同意见，只要认为应该提出意见，就会大胆发言；哪怕上司心情不佳，旁人都静观其变，他们还是会表达自己的观点。

下班聚会时，他们若觉得无聊就会巧妙地更换话题，若别人还要换个地方继续玩，他们也不会勉强自己非要跟着去。总之，他们会首先考虑自己的心情和情况，而不是一味地顺从他人。

显而易见，一味地勉强自己去迎合他人，终会因压力而崩溃，且总是抱着消极态度与他人来往，对对方也并非好事。

恰到好处的“察言观色”是一种体贴，而那种自以为是的“察言观色”就容易弄巧成拙，因此，我们要注意不能过度依赖这种方法。

其实，一边察言观色，一边坚持自我，这才是真正的孤独的智慧，偶尔也需要一些勇气。明了他人之事，也清楚自己之事，然后跟随自己的内心做出决定，这才能真正活出自在、潇洒的人生。这样的人生会给你带来很大满足感。

071. 逃避型 6：喜欢让别人猜自己的心思

别人猜不着，就是因为你不说

“我以为你会帮我”“我不说你也应该知道”，无论男女，很多人都有会因为他人猜不到自己的心思而生气。

这种喜欢让别人猜自己心思的人，总是自顾自地期待又失望，因此他们很容易深陷孤独而整日郁郁寡欢、惴惴不安。

“为什么你察觉不到我的心思呢？”通常我们用这一句话就可以将责任推给对方，但对方猜不着，本就是因为我们自己没有开口。

一些职场人在身体不适时常常会抱怨：“我明明不舒服，为什么上司还要给我安排工作呢？”却忘了自己应该明确向上司传达“我身体不适，烦请暂时不要派工作给我”，否则上司是无法理解的。

如今，人们更多通过社交软件来进行纯文字的交流，这就造成越来越多的人因对方无法察觉自己的情绪而感到孤独。

例如，有位女士想要邀约相亲活动上认识的一位男性，于是她鼓起勇气给对方发信息：“明天你休息吧？”在对方回复了“是的”后，她却以“那挺好的”结束了话题。一开始她很费解，觉得对方是不是有意回避她，随后逐渐演变成生气，因为她认为：“难道男生不该主动吗？”

说到底，这就是因为不想被拒绝，害怕受伤害，从而逃避沟通。事实上，如果不明确说出“休假几天要不要出去玩”，我们就无法向对方传达出自己的心意。此外，社交软件中的聊天也无法直观地感受到对方的表情和声音，这就要求我们必须预判对方会如何理解信息，并谨慎地措辞。

“男人就该这样”“女人就该这样”“上司就该这样”，这种先入为主的观念也是让人陷入孤独的主要原因。其实我们应该意识到什么样的人都有，评价他人也没有一个固定的标准，这样一来我们就能游刃有余地应对孤独。

越是对家人、恋人、朋友这样亲密的人，我们越是会误以为和他们会“心有灵犀一点通”，所以更容易对他们不耐烦，从而引发矛盾。因此，我们一定要换位思考，时刻想想“我是否已经表达清楚我的意思了”。

072. 逃避型 7：被信息牵着鼻子走

享受孤独的人不会杞人忧天

逃避孤独的人总会囫囵相信媒体信息及他人之言，并为此心绪不宁。他们不想被抛弃，所以总会焦虑于“没钱养老就会很悲惨”“没有朋友就会孤独终老”。

当然，有危机感是好事，但过度谨慎，甚至草木皆兵，就只会让我们陷入恐慌，从而导致我们无法采取合适的行动。

相反，能够享受孤独的人会冷静地思考接收到的信息，然后再决定是否需要采取行动。他们不会被一时的情感冲昏头脑，而会发挥孤身一人独有的特长，立刻沉浸于“另一个自己”的空间，冷静分析思考“这个信息是否可靠”“它是否含有发出者的其他目的”“它是否真实存在”，然后再采取行动，就能做出合理的判断和行动。

享受孤独的人能够客观冷静地看待事物，也是因为他们常常一个人反复思考，所以具有批判和怀疑精神，潜意识中就掌握了分析和判断信息的技能。

那些会被“1 个月赚 10 万元”“教你速减 10 公斤”的广告宣传蒙骗的人，不仅难以客观地看待问题，还容易被狡猾的人欺骗。他们总是盲目轻信所谓专家、权威人士所说的话。

因此，我们不能过于相信网络上的信息，而应该保持质疑的态度，观望全局，或是去调查与之相反的或更多的信息。

总之，自主思考是一种能力，它能帮助我们掌握人生的主动权，同时也是对我们智慧的一种磨炼，让我们避免陷入不幸的泥沼。

享受型的人，如何面对孤独

073. 享受型 1：懂得适可而止

无节制地放纵欲望就会导致不幸的结局

很多时候，我们为了逃避寂寞与不安，会对某事紧抓不舍，反而会更加孤独……逃避孤独的人很容易就会陷入这种恶性循环。

下面，我将介绍一些享受孤独的人所拥有的特质。

提到“享受孤独”，浮现于人们脑海中的可能是随心所欲、为所欲为的印象，事实却并非如此。

例如，很多独居生活的老人为了保证自己的生活质量，会为自己制定一些规矩并严格遵守。

所谓自由，并不是毫无节制地肆意妄为，而是另一种自律。

如果我们放纵欲望，放任自己吃甜食、疯狂购物，最终很容易落入不幸的结局。

我虽然也不适应特别规律的生活，但也在日常生活中养成了许多自律的习惯。事实上，严格执行计划是一件十分困难的事，如果没有人鞭策我们，我们很容易就会懈怠。重要的是，应该把喜欢的、想做的事当作日常，这样一来，在执行了这些事情后，我们就会感到激动和喜悦，自律也就是“小菜一碟”了。

另外，自律也需注意适可而止。即便控制甜食，一天也可以吃一点；工作本就容易疲惫，适当保留一点精力给生活；再喜欢独处，也要珍惜和他人的相处；关系再好的朋友，也不能没有边界感，要相互尊重，不要强加于人……总之，无论何事都应该不多不少、适度就好，找到自己的“度”就是保持热忱的秘诀。

光凭自由无法到达幸福的彼岸，只有自律才能让我们更自由。

074. 享受型 2：懂得乐在其中

不喜欢的事就没劲儿做，也做不长

享受孤独的人在任何时候都会享受当下，他们不是只做喜欢的事，而是会享受做任何事的过程，哪怕是强制性的工作，他们也会花心思去发现其中的快乐和喜悦。

人只要发自内心地想做一件事，无论多么辛苦也不觉得苦，更不会在意孤独或不安。

在考虑就业、跳槽、退休再上岗时，很多人经常会说“能找个轻松又赚钱的工作就好了”“想找个又轻松又体面的工作”。

坦白来讲，我在 20 多岁时也这么想过。但仔细想想，工作清闲，相应地工资也会与之相配。在我们想要轻松的那一刻起，就已落入了被动的境地，我们就会依赖于他人的评价，会抱怨“怎么给我这么点工资”“怎么不夸奖我”，最终依然会陷入苦恼。

我在尝试了50多种职业后，最后选择了能让我一旦开始就废寝忘食的“写作”。当时，我在周刊杂志当写手，那时的工资很低，即便如此我还是咬牙坚持了下来，正是因为有人希望我这么做，同时我也想这么做。做着我喜欢的工作，让我感到非常满足，对未来也充满了希望。我想，这就是热爱的力量吧。

我的一位20多岁的友人如今在挑战“骑自行车环游世界一圈”。他本就是骑行的狂热爱好者，尽管还有就业或留学的选择，但骑车环游世界这件事只有现在的他才能做到，所以他义无反顾地上路了。

人总是想追求有价值的事，追求让自己感到骄傲的事。

那种付出努力后收获的喜悦，是只想“轻松”的人绝不可能得到的。

日本昭和时代的作家、僧侣今东光曾说过“人生就是在黄泉路前打发时间”。因此，我们不妨好好享受每天的生活，快乐地“打发时间”也要精彩绝伦，让自己能在最后一刻由衷地说出“人生真是快乐啊”。

075. 享受型 3：能够正确评价自己

懂得“人生而不同”，待人待己就会更温柔

当我们意识到人生而不同，而且正因为不同才更有趣时，也就不再会害怕孤独了。只有我们想着要迎合他人、和他人保持一致时才会感到孤独。孤独产生于一味配合他人的想法中。

我有一位朋友，她今年五十多岁，因为喜欢上了英语所以报名参加了一个英语会话小组。她发现，小组里除了自己以外的其余几人都是二十多岁的年轻人，一开始她觉得很不适应，自己记性又差，甚至打算放弃。

不过，在仔细观察后，她才发现大家都很紧张，于是主动提出让最年长的自己来照顾各位同学。她和其他成员积极交谈，为他们加油鼓劲，成员们也都把她当作了长辈，甚至还说“多亏了你，我们才能坚持下来。”

因此，我们不用过于关注那个“格格不入的自己”，而要多去思考“不一样的自己能做什么”，如此之后，孤独感也就会不攻自破。

每个人进入一个新环境时，都是“新人”的身份，会害怕与其他人都不一样，害怕被排斥，会焦虑地想要快点融入新环境。

但“新人”自有“新人”的优势，我们不如以“新人”的身份好好感受一下周围的环境，如试着猜一猜“这是个怎样的圈子”“里面都有哪些人”“他们之间是什么关系”等。

哪怕因为不熟悉业务而被训斥，也可以大大方方地请教别人，因为我们是新人，我们有犯错的机会，也有学习的机会。

享受孤独的人能把乍看之下的弱势扭转为优势。我的一位朋友因家庭原因不得已初中毕业后就工作了，但他身边的人都对他的经历很感兴趣，因为如今这类人特别少。他所在的公司里有很多大学毕业生，相比之下，当他取得了公司里最好业绩时，其他人就会不吝夸赞，“你做得很好”“我要像你一样努力”，真诚地赞美他。

其实，很多情况下，我们自以为的缺点，却能带来积极的影响。当我们能够正确评价自己的“差异”时，我们就会发现每个人都有与众不同的地方，无论是外表、年龄、成长环境、性别，还是性格、兴趣等，我们每个人都是独一无二的。

因此，懂得“人生而不同”，我们待人待己时也就更加宽容。

076. 享受型 4：拥有黑白思维，懂得世界不是非黑即白

享受孤独的人，大都能抱着开放的心态来看待世界，他们不会陷入简单的“黑白思维”。所谓“黑白思维”，是指对任何事物都采取两极分化的判断标准，如好或坏、朋友或敌人、喜欢或讨厌等，这是一种拒绝承认中间灰色地带的思维方式。

比起对未知的事物的求知欲和冷静思考，人更容易被感性情感操控。非黑即白的人特别容易凭借一点小的问题就开始幻想，如“亏我这么信任这个小人”“他这么做，肯定讨厌我了”，将一点负面的情感投射到整体上，无限放大，因而他们常常会陷入孤独，过得很辛苦。

其实，事情不是非黑即白，很多事都有灰色地带。若我们能以灰度思维来看待问题，那么我们在待人待己时就会更加宽容。

即便别人身上有我们讨厌的地方，如说话很讨厌，很自以为是，但我们也没有必要真正厌恶对方，因为人无完人，他们肯定也有值得我们尊敬和喜爱之处。

要想真正地享受孤独，我们首先要明白每个人身上都有闪光点，因而在与任何人来往时都要始终保留余地，因为在必要时大家一定会互相联系、互相帮助。毕竟，讨厌的人越少，对我们自己的心理健康也越有益。

此外，我们对组织或团体也很容易产生黑白思维。

例如，我的一位男性朋友在退休前从领导职位降到了普通员工。从一线退下来后，他感到非常孤独，认为公司欺人太甚，觉得自己已经没什么用了，差点就辞职了。

但他转念一想便意识到，这也不算坏事，工作又清闲还能赚钱，也挺幸运，于是便开始思考退休后的安排。

当我们陷入思维定式后，不妨问问自己“真的是这样吗”，就能很容易跳出黑白思维。对很多事物都保持中立客观的态度，我们的人生也会豁然开朗。

077. 享受型 5：喜欢变化

人生是一部没有底稿的小说，只有专注当下才能书写华章

我常和住在国外的作者开线上会议。

大约十多年前，我们常谈论的话题内容是“日本的社会风气是认为人们只要工作成家后，生活就能安定下来，这也是社会稳定的证明。毕竟在有些欧美国家，失业是常事，婚姻稳定的家庭反而比较少见，人们只能为自己准备多条道路，再根据实际情况随机应变”。

然而，如今我们谈论的内容却变为“不知道日本之后会如何发展”。可见，从外部的视角也能看出，日本在经历了东日本大地震后，社会风气早已发生了变化。

因此，即便我们长远考虑了十年、二十年甚至垂垂老矣之后的事情，并为此做好了完善的准备，我们的生活也未必能完全按计划发展。如今这个时代，大企业也可能会出现突发状况，个人更有可能出现生病、发生意外等变化。

当然，我们依然要为突发情况做好准备，但在遇到突发情况时，若没有万全的准备也没有关系，随机应变即可。

其实，突发情况并不可怕。我换过那么多次工作，也经历过好几次经济危机，但依然活下来了，这就说明“车到山前必有路”，只要我们不挑三拣四，我们就会有选择。

因此，我们不妨先准备好几条路线，然后专注于 1 年左右的短期目标，明年的难题就先留给明年。

很多时候，前途未卜并不可怕，反而充满了乐趣。就像读小说一样，相比依照目录机械地阅读，那种不看后文，兴致勃勃地一页一页往后翻的阅读才更令人陶醉。

与两三年未见的朋友见面，大家可能还都没怎么变，但若阔别十年再见，大家肯定会发生许多变化，如跳槽、升职、创业，或是结婚、育儿，等等。那些能够积极享受变化的人更容易拥有光明的未来。

078. 享受型 6：能够放手去做喜欢的事

享受孤独的人非常愿意放手去做感兴趣的事。因为他们知道这是取悦自己的最好方法。

在他们看来，也可能是领悟了做喜欢的事是不需要额外努力的，因为喜欢就会涌出动力，会让他们保持一种“省电模式”。

相反，如果是不喜欢的事，哪怕再好他们也不愿去做，因为对他们而言，没有积极性就做不好任何事。

其实，我也是这样。我会放手去做我所喜爱的事，如工作、游戏、旅游、留学或纵情于田野，甚至看起来有点不务正业。

有人说我很勇敢，其实我只是硬着头皮向前进罢了，因为我知道在踏出第一步后，我的世界就会豁然开朗。然而，大多数人会因为担心自己失败或坚持不下去而无法踏出那一步。

事实上，我们切身经历的所有感受，包括失败的经历都会帮助我们提升自信和感性思维。据说，人类更倾向于用身体思考而非大脑。例如，孩子在玩火被烫伤后，下次就会长记性；我们吃到美味的烤鱼后，身体就会记住这个味道，下次我们就会试着自己动手做。

“此物是否危险”“这个味道是否正宗”“什么才算舒适”“这个人是个怎样的人”，为了加强这种判断能力，我们必须积累经验，打磨我们的感性思维。

事实上，孤独的人更需要这种感性思维，甚至需要依靠感性思维而过活。我的一位朋友在 70 多岁时开启了为期半年的海外旅行，他计划先去夏威夷玩帆船和跳伞运动，再受熟人所托去亚利桑那州照顾他们的宝宝。这种说走就走的姿态实在是光彩夺目。对他们而言，并非身体健康才能去做喜欢的事，而是做了喜欢的事，才会活力四射。

079. 享受型 7：舍得对自己投资

不舍得投资自己，就是不信任自己

我曾参加过一位我所尊敬的作家的讲座。讲座上，一位 20 多岁的男性问道："我们是否需要从现在就开始为养老做准备呢？"对此，那位作家的回答是："这完全就是杞人忧天！就算每个月存 2 万日元，存 40 年也没多少钱，但如果你每月把这 2 万日元花在自我提升上，那么最后你就有可能得到高出几倍的回报。年轻的时候不用只想着存钱，要舍得投资自己。"

的确，那些成长飞速又会赚钱的人往往会一边工作，一边对自己进行各种各样的投资，他们会考各种资格证，会学习一些技能，或者提升形象，或者积累各种经验以及读书，等等。

在如今这个全民长寿的时代，大部分人在工作上会倾向于选择“一个人”的自由职业。因此，要想凭自己的本事赚钱，就一定要活到老学到老。

我认为回报率最高的投资方法就是，为自己创造一个适合学习的环境。无论是本职工作、副业还是志愿服务，要想熟悉或掌握某项技能，我们就要先为自己创造相应的环境，进入这个环境后，我们就能更快地掌握相应技能。

我的一位男性朋友为了学英语曾在美国留学了两年，但未能如愿提高英语会话能力，然而当他被派遣回国做同声传译后，他的英语能力在几年内便得到了飞速提升，十年后他便自行创业，赚的钱是当年投入的几十倍。

我在上了一年的服装培训班后，马上开启了相关副业，在此过程中熟练掌握了服装设计的技能。此外，我的摄影、编辑、写作等技能的培养也都是在工作中完成的。总之，我的很多技能都是在做的过程中学会的。

其实，不仅是赚钱，还要为自己创造适合发展的环境，如周末做顿好饭，举办个人陶艺展、画展、乐器演奏会，或是参加马拉松大赛，或是创作儿童绘本并捐赠给幼儿园，等等，这些技能的养成都需要我们先创造一个磨炼技能的环境。想要一个人也过得好，要学会扬长避短，相比于把不擅长的事做到普通程度，不如把擅长的事做到令人钦佩的程度。

因此，不妨在自己有潜力的领域里大胆地投资吧！

080. 享受型 8：保持底线思维，善于自我觉察

孤身一人，更要时刻保持底线思维

事实上，担忧自己会“孤独死”的不只有老年人。据统计，目前使用生命体征监测软件的用户，其年龄段更多集中在 30 ~ 39 岁。一位年轻用户说：“虽然我不需要朋友和恋人，但我还是担心一个人默默死去，几天都没有人发现我。”

在我看来，“孤独死”并不全是坏事。就像有人喜欢自己一个人生活一样，肯定也有人希望自己一个人默默死去。因此，认为“孤独死”就是不幸也是一种刻板印象。无论是否有人见证我们的死亡，我们都是孤独地离开人世的旅途。

死后的事托付给活着的人就好了，若不忍心给家人增加负担，就保证有人能替自己处理即可。

其实，有时我也对孤独有危机感，但相比于这种“孤独死”，我更担忧活着的时候的“孤独死”。比如，因为在生活中过于自由与随性，做出一些不得体的行为，却没有人提醒我，从某种程度上来说，这也算是一种“孤独死”了。

如果身边的人能一直提醒我们“你这里做错了”“这种说法过时了”“这种打扮不合适”，那当然再好不过，但实际上大多数情况下，别人发现了也不会说。当然，如果我们实在在意也可以主动询问旁人“我这样做是否没问题”，以拜托对方提醒自己，但事实上，我们不可能万事都询问旁人。

因此，我们要培养自我觉察的能力，且时刻保持危机感，并在接触各种事物的过程中，不断为自己创造复盘的机会，如自省“现在的我做得对吗？”等。就我自身而言，我会广泛地和不同的人进行交谈，如小孩、年轻人、老年人等。因为，与人交谈也是一种刺激，能让我们看清眼下的困境，察觉自己的错误。

那些在任何工作中都能成长的人，总能保持底线思维，他们热衷于挖掘自己可改善和不足之处；没有底线思维的人总觉得“现在正好”，他们常常甘于现状，也无法做出改变，可事实上，他们需要改善的地方还有很多。

底线思维是对自己的修正，也是让我们成长的机会。

081. 享受型 9：做最好的准备和最坏的打算

真正的风险管理是对不幸的未雨绸缪

我在留学时，有好几次和同学聊到日本的全职主妇问题，他们说："日本的女性为了结婚育儿，竟然会辞掉好不容易找到的工作，真是让人难以置信。"

其实，无论另一半多么富有，无论我们多么爱对方，都不能把一切都寄托在对方身上。因为，人生是无常的，过于依赖另一半，很有可能会两败俱伤。无论遇到什么情况，另一半无法工作也好，另一半去世或离婚让我们重回一个人的生活也罢，我们都必须靠自己生存下去，否则就会陷入不幸的深渊。

我在研究人生选择的风险问题时，采访了许多日本女性。我发现，40 多岁的女性总会经历各种各样的危机，如离婚、生病、裁员等。可在很多女性眼里，这些情况是一开始就应该考虑到的。

事实上，真正的风险管理并非遭遇不幸之后的收拾残局，而是预防不幸的未雨绸缪。如果你想珍惜自己的人生，对自己的人生负责，就必须时刻做最好的准备，同时也做最坏的打算。

加一道“最坏情况”的保险，告诉自己“大不了就是这样”时，我们就能不再恐惧，会大胆尝试各种工作或做出结婚等重要的人生抉择，也不会再纠结于错误的事情，产生紧抓救命稻草不放手的想法。

每当进入一个新领域，我总会做最好的准备，并持续努力，同时也会在内心深处做最坏的打算，即“最不济也就是回到起点，孑然一身罢了”，所以我总是能毫无负担地勇往直前。

除此以外，享受孤独的另一个窍门就是在自己的可控范围内行动。

无论喝酒还是谈恋爱，享受孤独的人能够做到心中有谱，他们知道人自有衡量的尺度，“虽然很开心，但要适可而止”。

其实，我们每个人都应该对自己负责，所以要在自己的可控范围内行动，如创业不去借钱，不给旁人增添不必要的麻烦，不信口开河，不要勉强自己，等等。

做最好的准备和最坏的打算，你就会无所畏惧。

082. 享受型 10：对自己充满期待

想做的事，完成一半就足够

年初设定了各种目标，到了年末却发现只完成了一半。想必很多人都是如此吧。

我也一样，但在我看来，能完成一半已经相当不错了，毕竟如果没有设定目标，恐怕连一个都完不成吧。

人生也是同理。“虽然想做的事情只完成了一半，但也不负此行了”，如果我们到了人生的最后一刻能这样想，那也就不枉此生了。其实，我们怀抱梦想或设立目标的意义不在于非要实现它们，也不在于按部就班地完成它们，而在于“当下”，所以改变计划也未尝不可。

拥有目标就能振作自己，就能开心快乐地过每一天。即便孤身一人也能沉浸其中，就连痛苦和眼泪都有了意义。

所以，我们一定要对自己充满期待。其实，我们每个人心里都清楚自己能做到和做不到的事，只要稍微认真一点，对于那些好像努力一下可以做到的事情，我们不妨尝试一下，说不定就真的做到了。

相反，讨厌孤独的人虽然总会告诉自己："不能妄想太多，不要太贪心了，过好当下就好。"但实际上他们只是不愿尽力，害怕失败，其实很清楚自己能做什么。

不相信自己的能力的人才会幻想"要是能中奖就好了""要是能找到理想对象就好了""要是家人能再多挣点钱就好了"，殊不知越是寄期望于他人，就越不会有好的结果。

哪怕我们现在的能力很弱，但只要对自己抱有信心，然后勇往直前，总有一天我们会惊讶于"我竟然还能做到这样的事"。

正因为相信自己，我们才能毫不留情地训斥自己，也能在结果不如人意的时候坦然接受。"相信自己"的心理暗示定能让我们尽情享受人生这场游戏。

083. 享受型 11：有自己独特的美学观

一个人的趣事无穷无尽，你只是还没发现

我曾听说，独居老人精神好不好很大程度上取决于他们是否接受和享受“一个人”的状态。那些无法接受一个人生活的老人经常会和过去或别人比较，如“还是和家人住好”“其他人怎么那么有钱”，等等。

其实，无论是老年人还是年轻人，如果能把一个人生活看作一种奢侈，就能发现无穷无尽的趣事。例如，我们可以按照自己的喜好来设计家居风格，可以自得其乐地栽培植物，可以一边听音乐一边读书，这些事情都有着无尽的乐趣。我的一位 80 多岁的男性友人和我说：“我一年前开始学水彩画，我发现真是趣味无穷啊！”

此外，做饭也不只是为填饱肚子，我们还可以积极地做各种尝试，如今天试个新口味，明天挑战一下新菜式，等等。要是没动力了，偶尔也可以邀请别人来一起品尝，这样一来大家都能开心。总之，取悦自己的方法多种多样。

有些人在照顾家庭的同时还能拥有自己的乐趣，同样活得多姿多彩，更不必说还能给家人之间的关系和工作带来积极的影响。

有一次我去居酒屋吃饭，坐我旁边的一位年轻人喃喃自语道："一个人太无聊了，没什么有趣的事。"他可能是有感而发吧，但等在原地，乐趣是不会找上门的，我们要靠自己去发现有趣的事。

另外，享受孤独的人还会有很多自己的想法，如"我想这样""我想那样"，他们往往拥有"自己的美学观"。

所谓"自己的美学观"，就是自己的一些执念。即便孤身一人，他们也会做理想中的自己，如"出门一定要精心打扮""吃饭要优雅地小酌一杯""走路一定要抬头挺胸""一定要将喜欢的事情做到极致""一定要微笑面对所有人"，等等。他们从不认为"孤独的自己很悲惨"。

不与旁人相比，只专注于无限接近理想中的自己，久而久之，我们就能把这种力量化为"孤独力"，成为自己的骄傲和信心。

我们生而孤独，但能享受孤独并在孤独中获得力量，却是一种很了不起的才能。只有学会一个人穿过寂寞的河流，一个人扛过孤独冷峻的风暴，你才能成为更好的自己。

第6章

独处与人际关系

激活自己，影响他人

084. 孤独让人更积极

坦然接受一个人，才能更自在地与人相处

提到“孤独的人”，很多人可能都会联想到阴暗、沉默、冷漠、总是与人保持距离的人物形象。

但本书中所说的“孤独的人”并非如此。

他们虽性格各不相同，但愿意与他人同乐，想热心地帮助别人，他们不仅知晓与人交往的乐趣与喜悦，也明白社交对生活而言必不可少。

我虽自诩是享受孤独之人，但也明白只有在与人相处后，才更能体会到独处的快乐和愉悦。

此外，一个人生活也不能少了他人的一臂之力。在我决定以写作度过余生并开启一个人的人生之旅后，我得到了数不清的帮助，不断经历着相遇与离别，这是当时做公司职员时无法比拟的。

甚至可以说人正因为想保持孤独，才会主动地与人交往。

在那些逃避孤独的人当中，有的人讨厌与人交往，有的人讨厌独处，也有的人两者都讨厌。

对这类人而言，网络和社交软件给予了他们恰到好处的安慰。因为，网络和社交软件上的一些简单交流和联系就能满足他们的社交需求，但若过于沉浸其中，虚无缥缈的交流反而会牵动他们的喜怒哀乐，从而加剧他们的孤独和空虚。殊不知倘若自己能明确交流目的，那么社交软件就是最棒的交流工具。

在这一章中，我们会一起思考享受孤独的人和逃避孤独的人在人际关系方面有什么特点。

总而言之，享受孤独之人的最大特征就是对他人没有“恐惧”。在他们看来，一个人也没问题，所以他们反而能放松地与人交往，想要独处便独处，想与人相处便与人相处。

085. 享受孤独的人也有可以依赖的朋友

孤独者之间的关系：君子之交淡如水

我曾认为“朋友可有可无”。

但实际上，我的身边总会出现一些亲切、可靠的人。究其原因，或许是因为我总是保持平和的心态，不刻意迎合别人，也不强行结交朋友，久而久之，志同道合的人自然而然地就会出现在我的身边。

这些朋友也都是能够享受孤独的人，他们既有男性也有女性，有的人是孤身一人，有的人也有家庭，就是因为有共同的特质，我们才走到了一起。

因为彼此独立，所以大家才能达成一种“君子之交淡如水”的状态。我们不会期待别人帮我们做什么，也不会计较自己的得失，相处只是因为喜欢，因为在一起很快乐。还有些人通过在孤独体验中的刻苦钻研，收获了自己独有的感悟与价值观。他们说的话不仅颇有意思，更能让人产生一种心灵的共鸣。

我有一位朋友，她与我联系并不频繁，双方都是有空时小聚一下，但当我得了比较严重的疾病时，她却如至亲一般帮我询问各种专家信息，带我跑了好几家医院。

曾经的我认为“朋友可有可无”，但现在我也会被她的温柔感动得泪流满面，一个人默默忍受的委屈好像瞬间释放出来了。

一个人确实也没问题，但有人可以依靠总归是好事，即便不是生病或灾害等紧急情况，偶尔能帮个小忙，或是陪着说说话，也会是特别温暖的体验。

不过，有些人会抱怨：“朋友有很多，却没有可以依靠的人”。对于这种情况，或许正是因为朋友太多，忙于处理人际关系，所以才无法建立更深层的信赖关系吧。

无论你有几个重要的朋友，都要好好珍视他们，这样你才会更轻松，也更有底气，就像为自己打了一剂强心针。

不过也要注意，关系再亲密也不能过度依赖，也不要将善意或要求强加于他人。把握好社交距离，让彼此都舒适，才是独处之人的温柔所在。

“记住别人对你的好，忘记你对别人的好”，谨记此理，我们才能与人达成“君子之交淡如水”的信赖关系。

086. 没有成见，才能包容

放下厌恶之心，心态自会更平和

人与人相处自然会产生摩擦。很多时候，我们会因为意见不合而陷入剑拔弩张的气氛中，也会因为嫉妒而互相伤害。

我曾经也是如此。只要是无法接受的事情，我就会去找上司理论，直至精疲力竭。有段时间，我甚至成天都在想如何对付上司的“职场霸凌”。说到底，人际关系不过是工作的“手段”，可我成天纠结于此，反而将其变为工作的“目的”。

在尝试了多次后，我终于明白了“不应战”的道理，因为不应战也是一种胜利。

其实，人际关系不仅存在于职场中，家庭、社团里也有人际关系。倘若我们在任何环境中都想让别人接受自己的意见，那么拉拢对方会比挑战对方更轻松，也更能成功。

要知道，这不是“情感”之战，而是“智慧”之战，我们要抱着“夫唯不争，故天下莫能与之争”的态度来应对人际交往中的困难。只要我们仍有好恶之心，我们的内耗就不会结束。如果让自己变得感情用事，不如直接放弃战斗为好。

《孙子兵法》有云：“知己知彼，百战不殆。”可见，我们首先要客观地了解对方和自己，明白“对方想怎么做”“我的诉求是什么”，之后只需根据情况制定相应对策即可。

在与人谈判时，我习惯于先爽快地把我不看重的部分让给对方，或是讨论一个折中方案，我也会让自己吃点小亏，这样一来，在遇到我不能让步的事情时，对方也会接受并欣然让步。

其实，对于独处的人而言，他人并不是敌人，对他人的厌恶之心才是真正的敌人。平日里时刻记得感谢对方、尊重对方，就不会造成严重的后果。

请记住，当出现人际关系冲突时，如果当真，你就输了。

087. 逃避孤独的人不懂得说“不”

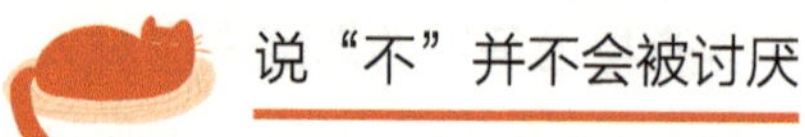

说“不”并不会被讨厌

难以与他人平等相处是逃避孤独的人的一大特征。

我想为大家介绍一些逃避孤独的人的行为模式，其中最具代表性的行为模式就是不懂得说“不”。

逃避孤独的人在面对不想参加的聚会时，会顾虑“难得别人邀请我”，然后硬着头皮去；面对别人硬塞的工作，他们会心软，觉得“他看上去很困扰”，然后接受委托。因为他们都是温柔且认真的人，所以总是希望自己能够回应别人的期待。当然，回应或帮助他人是好事，也能发挥一些积极作用，但拼命到要牺牲自身利益的程度，这背后可能就是我们“不想惹麻烦”“不想被讨厌”的心理。

享受孤独的人明白，自己不幸福，旁人也不会幸福，所以他们在做事情时都是出于自己的本心。况且，“邀请”和“请求”本就是对方的行为，如何回答是我们的权利。

不想去聚会就果断拒绝，若对方明事理肯定也能理解，会回复“OK！下次再约。”若因此断绝了来往，那就说明此人也不值得我们结交。

其实，拒绝对方也并不一定就会被对方讨厌。很多时候我们被讨厌，其实是因为我们拒绝他人的方式欠妥，而不是因为拒绝本身。

事实上，成年人不会直截了当地告诉别人“我不想做”“我做不到”，而是会先表示感谢，如“多谢你来邀请我”，然后婉言拒绝，同时给对方找一个台阶，如“这次不行，下次再约”“下周我可以”，等等。有时候，这种不扫兴的拒绝反而能让彼此坦诚地交流，从而拉近彼此的距离，发展为推心置腹的关系。

我以前也不擅长拒绝，但当我评估了“拒绝”与“忍耐”所带来的不同压力后，我意识到，拒绝是一瞬间的事，忍耐却很漫长，从此我便学会了拒绝别人。

学会拒绝后，我们就能将精力集中于自己真正在意的事上。事实上，对自己马虎的人，也不会多珍惜别人。

088. 学会课题分离，才不会轻易被人摆布

逃避孤独的人容易被讨厌的人摆布

在我看来，人际关系中的绝大多数烦恼都是因为无法忍受孤独。很多时候，我们明明很讨厌那个人却还是会任其摆布，其实也是因为害怕孤独。

若公司里有讨厌的人，我们来上班的路上都会愁眉苦脸，那个人的一句话、一个动作就能让我们怒上心头，或是黯然神伤。晚上回忆起来还会生气，然后胡思乱想“为什么他要对我那么说话”。这其实就说明我们已经完全被对方控制了。

当然，这里所说的控制并非指我们真的被讨厌的人所控制，而是说我们被自己的期待所控制，即我们期待着对方是

一个善良的人、不会找我们麻烦的人，认为“他应该对我再好点”。

因为，我们发自内心地认为，如果对方不是善良的人，我们就会受其影响。但能够享受孤独的人总会先后退一步，将自己与对方彻底割离，告诉自己“我的快乐与别人无关”，所以他们很少因为这些事而生气。

很多时候，我们之所以会生气，就是因为没有分清“各自的课题”，才会被讨厌之人所烦扰。让我们一起来梳理一下吧。

“课题分离”是由心理学家阿德勒提出的一种理论。阿德勒认为解决人际关系中矛盾的主要方法是课题分离，即区分自己的课题和他人的课题。

- 他人的课题是自己不可控的：他人需要负责的事，包括他们的工作、目标、价值观、情感、人生等，这些事情是我们无法插手的。
- 自己的课题是自己可控的：我们自己需要负责的事，包括我们的工作、目标、价值观、情感、人生等，这些事情是我们可以自主选择的。

“他太刻薄了”“他的工作能力有问题”等，这些就属于他人的课题，但“我很受伤”“我很生气”就属于我们自己的课题，需要我们自己处理。

尤其对于调整好自己的心态这种问题，我们是可以通过自己来解决的。当然，我们不用强迫自己喜欢对方，可以先接受“我确实很讨厌他”这一事实，再采取保持距离、以平常心相处等对策。

此外，我还尝试过其他的化解对策。面对讨厌的人，我会告诉自己“再讨厌的人也有闪光点”“可以把他当作反面教材，引以为戒”“作为小故事讲给其他人”等。当我习惯了自我化解后，无论对方做出多离谱的事，我基本上都能心平气和地对待了。

089. 心若无处安放，到哪儿都是流浪

逃避孤独的人无论在哪儿都没有归属感

“公司里关系好的人已经组成了小团体，我融不进去”“没人需要我，感觉哪儿都容不下我”……总是有人和我抱怨类似这样的问题。

我之前常在市中心车站附近的一家咖啡馆里写作。一到晚上，这里就坐满了下班的白领们。他们看上去也不是在等人或学习，但常常直到关门才离开，看起来更像是在优哉游哉地打发时间，有些人甚至还成了咖啡馆里的常客。

虽然不能妄下结论，但我可以感受得到他们的心声：“公司和家里都没有我的容身之处，只能来这里了。”

所谓“容身之处”，是一个能让我们感到舒适、充实、平静、放松、舒缓心灵的场所，它无关我们现实中的处境或

人际关系。尽管咖啡馆算不上最佳的容身之处，但有些人会选择独自前往，因为在里面会感到久违的放松。他们可能会在吧台上小憩，也可能会看看手机，徜徉在网络空间里，以寻找自己的一席之地。

很多人因为在公司里找不到归属感而孤独、痛苦，但仔细想想，一个人就此成为“集团中的独行侠”也未尝不可。公司本就不是交朋友的地方，只要我们认真完成了自己的工作，并得到相应的回报，赚取生活的口粮就够了。

此外，还有很多男性也值得同情，他们觉得自己在家里找不到容身之处，认为“每天围着孩子转，没有自己的时间”“家里没有个人的空间”“不适应像海螺小姐的丈夫鳟夫[①]一样做个老好人”，等等。

实际上，这些问题都是可以解决的。很多时候，我们之所以会感到孤独，是因为我们觉得别人不给我们容身之处，但其实我们可以在当下的环境中腾出自己的时间和空间。如果感到被他人疏远，我们也不要刻意迎合他人，而应该主动为别人提供帮助，让别人感到舒适，渐渐地，我们就会找到自己的容身之处。

① 《海螺小姐》是日本家喻户晓的动画片，河豚田鳟夫是海螺小姐的丈夫，他是一个性格憨厚的老好人。——译者注

此外，“一个人的活动”也能让我们找到容身之处，安放我们的心灵。我的一位朋友说：“自从开始下班去寺庙里抄经后，心情就无比轻松，而且庙里有很多人，让我感觉自己也不是一个人了。”或许，这比在咖啡馆打发时间更能充实心灵。

090. 逃避孤独的人无法和没有共鸣的人交往

环境太舒适，成长就会停滞

“我以为你会理解我。”

想必很多人都说过这句话，或听说过这句话吧。

一位女性在听她的朋友抱怨完工作后，说了句“可能你也有错”，却遭到对方的反驳：“你好过分，亏我还觉得你能理解我，还以为我们是同一战线呢！”最后还被朋友在社交软件上屏蔽了。

我们每个人都喜欢有人能肯定自己、共情自己，希望有人和我们说“你没有错”“你做得很好”“我能理解你”。但如果我们只和包容自己的人接触，最终我们就会把自己逼入孤独的漩涡。

对于会议或商务会谈中的意见分歧，我们通常都能理解，因为冲突在所难免。但当我们的家人或朋友也不理解我们时，我们就会感到被背叛，从而责难对方。因为相比于其他人，我们更依赖家人和朋友。但如果我们一味地否定不同意见，就容易处处树敌。

如今，大家总习惯于在社交软件上分享自己的动态。有的人会因为自己的动态下面没有点赞而心绪不宁，有的人面对同一个事件，即使有不同意见也会因为顾虑被人群起而攻而选择一言不发。

其实，别人不理解或是批判我们，并不代表他们否定了我们的所有。能够享受孤独的人是不会深究这些事情的，因为他们知道每个人都有自己的想法，彼此不理解也正常，应该尊重对方“也有自己的想法”，不会因此而困扰。

我们都倾向于和相似的人做朋友，因为彼此之间能够产生共鸣，会让我们感到心情愉悦。所以我们身边总是聚集着在年龄、工作、婚姻、生活水平、价值观、喜好等方面都相似的朋友。

然而，若我们长期处于狭窄的世界中，我们就很难获得成长。要知道，正是因为有不同的人、不同的声音，这个世界才是丰富多彩的。当我们拥有如此豁达的胸襟，我们就能结交到各种各样、不同类型的人，彼此就能相互学习、相互成就。

“尽管无人理解，但也怡然自得”，或许只有那些能够享受孤独并拥有强大信念的人才能体会到这种极致的孤独吧。

091. 不要总是纠结于过去

孤独也能化解恨意

人们总倾向于认为女性喜欢纠结于过去的事情。

例如，妻子对丈夫抱怨“你之前对我说的话真的很过分”“你去年就忘了我的生日”时，忍不住会对丈夫大呼小叫，丈夫却表现得很不耐烦：“有完没完，赶快忘了吧！”类似这种被妻子“翻旧账”的情况确实不在少数。

然而，据我的咨询师朋友说，其实男性也会做出“翻旧账”的行为。例如，因为父母插手他们的人生规划，或上司曾经“职场霸凌”过他们，他们就会怀恨在心，想要伺机进行言语报复。

恨意是一种消极的记忆，但本质上也是一种“希望被人重视”的期待。

人都有一种普遍心理，即别人取悦了我们，我们就想回以感谢和礼物，别人伤害了我们，我们就想“以牙还牙”。

一想起之前的不愉快，就要说对方几句，让对方吃点教训，这也是一种报复行为。不过，无论是否真的报复了对方，只要我们自己心里还记得，恨意就不会消散。

有些人即便遭受了巨大的打击，也会在孤独中将恨意自我消化。

我的一位朋友在发现丈夫出轨后，对我说道：“虽然无法原谅他，但我还是想和他在一起，所以决定先冷静一段时间，这次就睁一只眼闭一只眼了。”

其实，她之所以这么做，并非是因为害怕自己一个人才紧抓着对方不放，相反，正是因为随时都有勇气回归一个人的生活，所以面对问题时才能冷静思考“我的内心想要什么”“我想怎么做”，然后再做决定。换句话说，尽管曾受过伤，但因为自己是不依附于任何人的独立个体，反而能够自己选择自己的感情，所以也就放下了报复心理。据这位朋友后来说，此后她的丈夫再没有过过分的行为，对她和家庭也更上心了。

其实我也曾被恶意对待过，也有过想要报复的人。但我告诉自己要从积极的角度来思考问题，想想“这其实也算好事”，以积极的角度看问题，就能消化恨意，如今反倒会感谢那些伤害过我的人。因为，是他们教会了我成长。可见，换一种角度思考，说不定就能走出怨恨，忘掉不愉快的记忆。

让我们放下对别人的恨意，活出自己的精彩人生。

092. 远离被消耗的关系

勉强自己迎合他人，并不是一种真诚

我现在隔几年就会改变一下居住地、工作环境以及人际关系。

当然，我并不是因为讨厌当时的环境才改变，我也非常舍不得与那些相处时间不长的好朋友们分开。然而，我总是想再尝试一下自己的能力边界，想去看看新的世界。这种欲望一直驱使着我不断向前。

即便公司很好，周围的人也都很温柔，但为了锻炼自己，我依然会孤身投入新的环境。被挽留时，我也会纠结“为什么要离开这些好朋友呢”“我是不是太任性了呢”，但转念一想，既然决定要跟随自己的真实想法，就必须做好孤独的准备，然后独自启程。

其实，人只要活着，其周围的人和环境乃至自己的想法、欲望都会发生变化。所以，人与人的想法也自然会逐渐不同，大家的所见所求也会发生改变，若是勉强彼此继续相处下去，久而久之人就会感到孤独、矛盾。事实上，勉强自己去迎合别人，也是对他人的一种不真诚。

另一方面，如果我们面对的是不重视自己的公司、话不投机的朋友、互相伤害的恋人等负面的环境，我们就会更积极地做出改变。

判断是否应该做出改变的关键就是“我们是否喜欢自己”。环境再轻松，若我们不喜欢当下的自己，那就说明目前的环境和周围的人已经完成了他们的任务，我们应该离开了；相反，哪怕是一个令人疲惫不堪的公司，或是面对育儿和看护老人的繁重任务，我们仍觉得现在的自己特别好，那就说明无须改变。

总而言之，一切都要以自己的想法为中心，而不是刻意寻找过得舒服的地方。毕竟人与人的缘分也会改变，最后能让自己幸福的人只有我们自己，而不是别人。

不过，当我们离开的时候也要做到善始善终，不能忘记感谢那些曾照顾过我们的人。同样，当他人离开时，我们也要微笑着送别他们，祝愿他们能拥有辉煌的未来。

093. 内向的人也有与人连接的方法

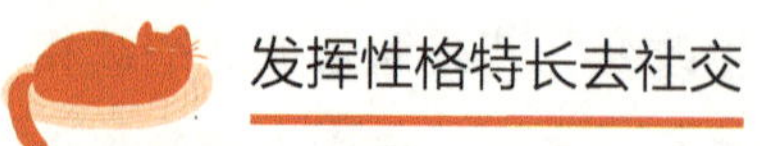

有的人觉得自己很内向，不擅长与人沟通；有的人则想改变自己的性格，想让自己更开朗、更擅长社交。

但改变性格可没那么简单。所以，如果喜欢独处，我们就保持自我就好。不过，若是考虑到需要在职场中和大家友好相处，或是想结交朋友、找到恋人，那么也有几个方法能让内向的人也学会与人交往。

首先，你要知道，与人交流只要能做到保持微笑、礼貌问候、善于倾听就足够了。想想我们的周围，是不是有些人他们看上去很文静，几乎不怎么说话，但身边总聚集着许多人？

这类人大概率每天都是笑眯眯的，他们平时不怎么说话，但会认真地问候他人，如“你好”“谢谢”等。他们也很擅长倾听，在听别人说话时总会边点头边附和。坦白说，我们都喜欢愿意听自己说话、认同自己的人，所以在遇到这类人时，我们自然就会关注他们、重视他们。

可见，内向的人即使不主动与人交流，也能通过珍惜所遇之人而与他人建立起深厚的感情。但如果强迫自己去接近他人，那么在受到冷落后就又会陷入失去自信、不敢与人交流的困境中。所以，对方对我们有兴趣，我们与其交往起来才更安心，彼此也更能坦诚相待。

对待工作也是同理，比起卖弄自己的能力，我们更应该保持努力做好自己本职工作的态度。不难发现，那些独来独往之人大多都掌握一技之长，也有很多爱好和乐趣，他们很容易吸引到志趣相投的人，因此也不愁没有朋友，若对方对此也感兴趣，就更容易聊起来。

此外，内向的人和爱照顾人的叔叔阿姨们交朋友，会有很多好处。因为，他们多少肯定会帮上忙，可以与你分享人生的道理，还能替你找补人际沟通中的不足。

094. 女性有女性的孤独

无论是女作家还是女高管，或是家庭主妇，她们都会孤独

一位女作家朋友曾和我感慨：“我不想让别人看到我写书时头发乱糟糟的丑样子，所以才想一个人生活。男作家就是好啊，就算邋遢，只要能力强，就会被人认可。”

我不太愿意分开谈论男女，但也对此深有体会。作为女性，我也一样，我觉得自己宛如民间传说中报恩的仙鹤一般，也不愿让别人看到自己羽毛尽落、虚弱无比的样子，虽然也有人不介意这种事。

一直在职场上打拼且以工作优先的女性，她们的孤独与男性的孤独也不一样。

当然，非职场女性肯定也会感到孤独。当我就孤独问题采访周围的女性时，我发现几乎所有的女性都会面临孤独这一问题，女性的孤独源源不绝。她们有的是女高管，有的是全职妈妈，有的是单亲妈妈，有的是家庭主妇，等等。

一位担任公司女高管的女性朋友说："我感到非常孤独。虽然做的事与男职员相同，但不付出成倍的努力就无法被认可。因为我没法用家务或育儿当借口，而且每个人都像是要看我有多少能耐似的，不光男性，甚至连女性都不会帮忙。"

因为背负着家庭琐事和育儿任务，所以很多时候女性是无法和男性一样拼命工作的。考虑到这一点，我的这位朋友就转换了思路，让自己从"女强人"转变为"母亲"的角色。她会提出男职员们想不到的主意，也会和下属们谈心，渐渐地，她找到了自己的定位，工作也更加顺利了。

此外，还有一位女性朋友在短期大学毕业后就成了家庭主妇。在做了 25 年的家庭主妇后，她终于提出了离婚，想要为自己活一次。丈夫起初不同意，而且也不理解妻子为何要抛弃稳定的生活，但最终还是同意了。

"我一直被关在温室里，一直认真履行着妻子和母亲的义务，却渐渐地与社会脱节了。我想看看靠自己的力量我能走多远，我一定要试一次！"

可见，家庭主妇也有其独有的孤独。因此，无论我们处于什么样的环境中，重要的是永远要做好孤独的准备，这样才能活出自己的人生。不过，我们也不用对自己太严格，该求助时就尽管求助，问题总会有办法解决。

095. 男性也有男性的孤独

“是男人就要……”也是一种魔咒

一位女性朋友曾这样描述自己对丈夫和职场男性的看法：“总觉得很多男人的背影看起来好孤独。女性在累的时候可以三五成群地聚在一起吐吐苦水、发泄一下，可大部分男性却只能默默承受着压力，不敢说丧气话。他们虽然脸上笑眯眯的，但背影真的让人觉得很寂寞。”话语中饱含着对男性的关爱与尊重。

当然，肯定也有总是抱怨的男性，也有很多从不抱怨、顶天立地的女性。不过，男性的孤独确实与女性的不同。

以前大众对男性的刻板印象是，男性从小的偶像就应该是超人或运动员，于是也就产生了许多诸如“男孩子不能哭，要坚强”“男人必须挣钱”“男人必须养家”的观念。如今，这样的刻板印象已经淡化了很多。

就像女性无法摆脱“女人要温柔”的魔咒一样，男性也背负着专属于他们的魔咒，他们想在社会上获得一定的地位，在乎他人对自己的评价，时刻都想展示自己有能力的一面。

可以说，“是男人就要……”的价值观已成为许多男性信奉的美学，也是他们前进的动力。

很多男性在年轻时疯狂埋头工作，为出人头地争破脑袋，但在退休后就失去了动力和活力。其原因就是他们一直都不敢直面孤独，所以害怕任何的停歇，一直让自己忙碌以逃避孤独。

因此，我们不妨先暂停一下，静下心来思考一下“我想怎么做”，这样可以避免之后的种种后悔。

另外，有些男性认为，要想成为出色的职场人或受欢迎的人，就必须变得强大，会给自己灌输“我必须变强”的思想，其实这也是一种误解。在如今的时代里，会敞开心扉寻求帮助，且在需要时会依赖别人、主动示弱的男性才更令人放心，也更能获得同事或女性的关注与帮助。因此，不妨试着摸索属于自己的生活方式，创造男性的新美学吧！

096. 家人的期待也是孤独之源

适当保持距离就能化解矛盾

父母和孩子也好，夫妻也好，相处久了彼此都会有一种“不知道对方在想什么”的孤独感。

一位女性朋友说，在丈夫退休后，她每天掐着点做一日三餐。每晚六点半他们开始吃晚饭，两个人准点就座，一边看电视一边吃饭，全程一句话都不说。她满肚子怨气，觉得丈夫哪怕就说一句“今天辛苦了”也好。但丈夫只感受到了妻子的绝望，看着妻子成天没有笑容，毫不体贴，还较真儿地掐着点做家务，于是一年后默默地离家出走了。

仔细想来，这恐怕不是一年的矛盾，而是长年累月矛盾的积攒。因为常年相伴，彼此早就没了沟通的欲望。就像扣错扣子一样，随着时间的积累，两个人的误会也越来越深，最终化为无法原谅的恨意。到最后，妻子甚至表示“再也不想看到他了”。

除了夫妻，如今父母和孩子间的关系也变得越来越疏远。大家都各忙各的，也没时间坐在一起吃饭，更别提有共同话题了。在很多人看来，“父母是最了解孩子的人”“夫妻间不沟通也没关系，待在一起就行”。其实这种想法是最大的误解。即便没什么大事，也可以聊些家常，比如“今天发生了什么”“今天有一个新的想法”，等等。在日常沟通过程中，我们可能就会发现对方身上有我们所不了解的一面。

其实，比起沟通的内容，想沟通的态度更为重要。

另外，还有一种矛盾是因为父母和孩子关系太好，父母就有可能过度干涉孩子的生活，孩子也会像对待朋友一样，把自己在工作和恋爱上的烦恼全都告诉父母。这样一来，父母就会因担心孩子会失败而忙东忙西，觉得自己该说点什么，操心地动嘴皮子，甚至动手。孩子也会因为无法回应父母的期望而纠结、烦闷。“母亲像我的一颗虫牙，时不时地折磨着我”——父母离不开孩子，孩子也离不开父母，于是双方都无法独立。

其实，问题的根源就在于“我是为了孩子好”“我是为父母考虑”“兄弟姐妹间就应该互相帮助”等这些所谓的好意。要想尊重对方，我们就必须先独立起来，然后与对方拉开物理和心理上的距离，这样彼此才能有所成长。

097. 不堪忍受孤独时，可以寻找一个肩膀

脆弱的时候，就去寻求帮助

一个人在平日里能够享受独处，可当紧急情况发生时也是无法独自承受重担的，有时甚至会不堪重负，以至情绪崩溃。当然，肯定也有一些人是内心十分强大的，在他们看来，独自一人闯过艰难的困境才能使人成长、强大，但毕竟这类人是少数。

要知道，人都有脆弱的时候，实在撑不住的时候是可以随时寻求帮助的。当我们孤零零地陷入孤独的深海中，只要有一只手拉我们一把，我们就会坚强起来。

举一个有些极端的例子。一位女性因为丈夫的自杀，内心充满了罪恶感和孤独感，甚至好几次都想跟随丈夫而去。

然而，此时她偶然遇到了一位同样失去家人的女性，两个人互相倾诉之后，彼此都抚平了受伤的心灵，知道“自己不是一个人”后，心就能得到安慰。

在一些药物成瘾和特殊疾病患者、家暴受害者等互助小组中，大家因为有着相同的背景和遭遇，所以能够坦诚地分享自己的心得和信息，大家一起想解决的办法，多少还是能看到明天的希望的。

此外，当我们经历与重要的人或宠物分别，或在生病、遭受重大的失败、失恋、失业的时候，千万不要强迫自己坚强，别想“我不能失落”，要允许自己失落，也可以向身边的人倾诉，然后渐渐振作起来。要知道，向人求助也是提供了一个向对方敞开心扉的机会。

即便没什么重大的事，繁忙的工作也可能会让我们产生莫名的孤独感。因此，我们最好平日里就找一些能治愈自己的事物来作为心灵的避风港，以避免这情况。

能够有聊得来的人当然是最好，但如果只是觉得有些孤独，我更推荐读书，因为我们所经历的孤独与悲伤，那些文豪们早就深有体会并将感受写于书中。在孤独的时间里，与这些智者相伴也是一种不错的选择。

098. 将身边人给予的力量转化为自己的力量

坚实的后盾能抹去一切孤独

2022 年，英国女王伊丽莎白二世去世。在电视台播放的相关节目中，有很多女王身边的亲信接受采访的内容。据其中一位亲信所说，女王在一生中多次被王室批判，也有成为众矢之的的经历，“但女王从未外露过自己的感情，她总是默默忍受着，然后独自解决问题”。

可见，即便到了女王这一地位，也会有不为人知的孤独。据说，她从幼时起便开始学习帝王之道，而帝王之道的其中一条规矩便是要不露形色，不能让下位者根据表情揣测出上位者的心理。

此外，据说其中还有“帝王之道三原则”，具体内容就是要找到三种人来支持自己。

其一是教授原理、原则的老师，其二是直言不讳的朋友，其三是忠言劝谏的下属。它教导上位者要敢于倾听下位者严厉的忠告，不能骄傲自大，要有谦虚接受批评的态度。因为有这样的支持者，上位者才能更好地发挥自己的作用。

其实，很多优秀的运动员也经历着常人无法想象的孤独，但他们在采访中总是会感谢自己的支持者。他们深知是支持和鼓励成就了今天的自己。要知道，人之所以能发挥出巨大的能量并不是个人的功劳，还有那些一路支持我们的人。

那些把一切成就都归功于自己的人往往特别傲慢，而且也难能成大事，渐渐地身边的人也都会离他而去。

我们虽当不了国王或顶级运动员，但只要想成为更好的人、想度过更好的人生，我们就必须重视那些帮助我们的力量。

即使身边没有尊敬的老师，但我们也可以想想，老师会怎么思考，或是询问后辈的意见和想法。

若有人能与你共享喜悦，即使身在远处也时刻牵挂，这就能成为支撑我们前行的力量。当然，我们也不能忘记平日里要多表达感谢。将身边人给予的力量转换为自己的力量，这才会是真正的强者。

099. 孤独始于对人的期待

大人谈恋爱更独立，更能相互尊重

几乎所有人都渴望爱情。爱情是美好的，但有时也是苦涩的，它常常伴随着孤独、不安、愤怒，甚至悲伤。

若你没有恋人，则孤独在于一人的寂寞。

若你没有自信，则孤独在于不被人所爱。

若你有所爱之人，则孤独在于对方的不回应。

你在谈恋爱的时候，则孤独在于与对方见之少、爱之浅。

若预感到即将离别，则孤独在于被抛弃的痛苦。

可见，爱情常常也满载着哀叹和泪水。有的人则把“我不需要恋人”“我没有特别想谈恋爱”等类似的话挂在嘴边，因为他们害怕被伤害，所以故意隐藏自己的想法，想着不恋爱总不会有悲痛欲绝之苦了吧。

不过，再铁石心肠的人，也多少还是会有寂寞与空虚残存于心。

若想进阶至成熟的恋爱，我们不妨试着在孤独中感受一下这种纠结的痛苦。毕竟痛苦也是一种诚实的表现。

在一段恋爱中，若我们产生了很强的依赖性，我们就会将自己的要求和感情全依附在对方身上，想让对方顺从自己，同时自己也十分顺从对方，这就容易造成互相伤害的结局。若对方没能回应我们的期待，爱就会变成恨。因此，我们要避免陷入这种幼稚的恋爱。

真正成熟的恋爱是很游刃有余的，因为双方都明白如何自己处理问题，他们会直白地表达感情，尊重对方的同时也不过分要求对方，能够很好地把握依赖对方的程度，所以彼此都会很享受这段关系。

最近，我的一些年纪稍大的女性朋友对我说："有了暗恋对象后每天都很高兴。"其实，能够喜欢上一个人本身就是一件令人幸福的事。很多时候，恋爱能让人精神焕发，甚至魅力四射。

恋爱的方式多种多样，不要恐惧也不要放弃，大胆享受恋爱吧！

100. 不能爱己，焉能爱人

能让自己幸福的人，也能爱人，也会被爱

人要学会先爱自己。但爱自己不等于自恋，也不是说给自己买贵重礼物，或是打扮自己，甚至放纵自己。

在我看来，爱自己就是让自己幸福。想做的事就放手去做，不想做的事就不勉强，即便孤独也懂得享受生活，能够取悦自己、疗愈自己、鼓励自己。

那些能让自己幸福的人，他们的爱是“自给自足”的，他们认可自己，同时也宽以待人，他们内心知道“我只要做自己就好”。

而那些不够爱自己的人总渴望从别人那里得到爱。他们渴望爱，渴望被认同，或为了确认爱情的有无，妄图改变对方的个性，或勉强自己去迎合对方。“如果没有人陪伴，我就不会幸福”，他们的内心深处总期望着他人的给予，所以总会用不安和焦虑折磨自己，也折磨对方。

内心独立的人毫不吝啬自己的爱，也不会计较他人的付出，他们做任何事都是出于自己的意愿。他们十分尊重对方的感情，也不会把自己的要求强加于人，更不会索求回报。

我周围也有很多这样的朋友。他们天生就拥有自我，他们对人真诚，不会苛求过多关注，所以他们的人际关系也相当顺畅。可见，只要用爱的目光注视周围，我们自然也会成为被周围的爱意包围的人。

当我们主动去爱，爱就会倍增。

只有先学会爱自己，我们才会真正地爱别人。要想成为充满爱的人，最重要的是要让自己的心先明亮起来，同时热爱并享受自己的生活方式。

要相信，我们拥有能让自己幸福的能力。当我们抱着这样的信念，我们每一天都会更加舒适、开心。

最近一周我都宅在家里，没和任何人见面，也没和任何人说话。除了每天打电话给住在养老院的母亲，以防她的健忘更严重。

今天，工作终于告一段落了。我开车去超市买菜，中途顺道去了一下附近的加油站。结果，一位很面熟的年轻工作人员跑过来笑眯眯地和我打招呼："好久不见！你好像有一个月没来我们这儿了吧。"

我说："对，我一直没开车出来。今天还挺冷的，小心别感冒啦。"我们的对话虽然简单，我却因为被对方记住而感到欢喜，心里暖洋洋的。

人有的时候想要独处，有的时候也想和别人待在一起。孤身一人的时间久了，就会切身感受到人间的温暖。

本书的"孤独"主要讨论心理层面上的孤独，但现实中也确实存在完全无人可交流、除工作外不和任何人说话的人。

这些人的孤独大体可分为两类，一种是"自愿的孤独"，另一种是感觉被社会抛弃了的"被迫的孤独"。

今后，后者应该会越来越多。越来越多的年轻人觉得自己无人可依，他们常常抱怨“没人关心我”“生病等紧急情况时没人来帮我”，等等。他们的孤独也在不断增加。

在我看来，比起不孤独的人，那些“被迫孤独”的人更应该主动敞开心扉，去和别人交流。

所谓“孤独”，并非完全不与他人接触。我们不能光顾着哀叹“没人理解我”，而是要主动尝试与人交往的方式方法，如主动倾听别人、理解别人、尊重别人、感谢别人、帮助别人、为共同目标而奋斗，等等。

随着时代的发展，我们将不再只局限于与身边的家人或组织相互支持，而是放眼于整个社会，在整个社会中去主动地帮助他人，同时获得他人的帮助，也就是说，人们将从“报恩”的思维转变为“送恩”的思维。

在这样的时代里，那些能够接受自己不完美同时也能享受孤独的人，一定是最坚强的人，他们的人生才是旷野。

我们要像享受人生一样享受孤独，因为只有享受其中才能怡然自得。其实我们每个人都拥有享受孤独的能力。因此，不妨将人生想象成一次“一个人的旅行”，然后尽情地享受每一天的生活！

再次感谢你能够读完这本书。

希望你的人生也能精彩无比。

有川真由美

愿你遇到那个理解你的奇奇怪怪的人，

愿你遇到那个能照亮你内心黑暗角落的人，

愿你遇到那个在别人冷嘲热讽时坚定地站在你这边的人，

愿你遇到那个千帆过尽还能互相祝福好好道别的人，

愿你天伦之乐，愿你老有所依，愿你一生有人相伴。

但在此之前或之后，愿你不怕一个人生活。

版权声明